5000 Jahre Gießen von Metallen

Patte Sc.

Heinz Wübbenhorst

5000 Jahre Gießen von Metallen

Fakten, Daten, Bilder zur Entwicklung der Gießereitechnik

Bearbeitet von Gerhard Engels

Herausgegeben vom
Verein Deutscher Giessereifachleute

GIESSEREI-VERLAG GMBH · DÜSSELDORF

Frontispiz: Modell einer Reiterstatue mit Eingüssen, Speisern und vielen Anschnitten.
Bildtafel aus dem Werk von Mariettes, erschienen 1768, über den Guß der Reiterstatue Ludwig XV.

Printed in Germany
0-20-6 84u
ISBN 3-87260-060-5

Layout und graphische Gestaltung: Kurt Heggemann, Ratingen
Satz: Ingeborg Klein, Monheim
Farblithos: Rolf Spreen, Kaarst
Druck und Verarbeitung: Friedrich Pustet, Graphischer Großbetrieb, Regensburg
Herausgeber, Auskünfte über Gießereitechnik und Gießereiberufe: Verein Deutscher Giessereifachleute, Sohnstraße 70, 4000 Düsseldorf 1, Telefon: 02 11 / 6 87 11, Telex 8 586 885 guss d

ZUM GELEIT

Jedem Gießereifachmann ist es ein starkes Bedürfnis, die Aufgaben seines beruflichen Alltags nicht nur im Umfeld der modernen Technik, sondern auch vor dem Hintergrund der geschichtlichen Entwicklung des Gießereiwesens zu sehen. Der Verein Deutscher Giessereifachleute legt hier ein Buch vor, das diesem Bedürfnis entsprechen soll, das sich aber darüber hinaus an einen weit größeren Kreis wendet.

Etwas von der prometheischen Bedeutung, die die Beherrschung des Feuers für die Menschheit hatte, wird immer von neuem beim Anblick flüssigen Metalls spürbar, und kaum ein Vorgang kommt dem kreativen Gestaltungsbedürfnis des Menschen so entgegen wie der des Formens und Gießens. Das wird nicht nur von Gießern so empfunden. Die Kulturgeschichte kennt zahllose Zeugnisse für die Faszination, die von der Formgebung durch Gießen ausgeht. Das geschärfte Bewußtsein gegenüber der Umwelt und der Notwendigkeit, sparsam mit den Stoffen der Natur umzugehen, eröffnet dem Gießen heute auch ein neues Verständnis: das Metall wird im Kreislauf immer wieder verwendet und erhält auf natürliche Weise neue Form.

In der Reihe der teilweise hervorragenden Schriften über die Geschichte der Gießereitechnik will dieses Buch auch ein Leitfaden für ein weitergehendes Quellenstudium sein und auf Besonderheiten des westdeutschen Lebensraumes hinweisen.

Anlaß der Herausgabe des Buches zu diesem Zeitpunkt ist das 75jährige Jubiläum des Vereins Deutscher Giessereifachleute im Rahmen der 6. Internationalen Giessereifachmesse GIFA 1984 in Düsseldorf, des weltgrößten Treffpunkts der Gießer. Der Düsseldorfer Messegesellschaft NOWEA gilt der Dank des Herausgebers für wirksame Hilfestellung.

Die Aufgabe des Verfassers hat Heinz Wübbenhorst, Essen, übernommen, dem ebenso wie allen anderen, die am Zustandekommen des Buches mitgewirkt haben, an dieser Stelle herzlich für die mühevolle und erfolgreiche Arbeit gedankt sei.

Gerhard Engels
Hauptgeschäftsführer
des Vereins Deutscher Giessereifachleute

INHALT

VORWORT UND AUFGABENSTELLUNG

"Der Kernpunkt . . . liegt in drei Hauptsachen, nämlich erstens in der guten Anfertigung und richtigen Anordnung der Formen, zweitens im guten Schmelzen und Verflüssigen der Metallmassen und drittens in der zweckentsprechenden Zusammensetzung der Metallsätze."

Der Italiener Biringuccio über das Gießen in der Pirotechnia (154o).

Seit Jahren ist die unter dem Titel Bronze- und Eisenguß herausgegebene Dokumentation (1) über die vom Verein Deutscher Giessereifachleute ausgerichtete historische Sonderschau bei der Internationalen Giessereifachmesse GIFA 1956 vergriffen. Zunächst war vorgesehen, sie zu überarbeiten und dabei die technikgeschichtlichen Angaben zu erweitern. Nach Aufnahme der Materialsammlung erschien es jedoch richtig, die Fakten, Daten und Bilder der historischen Gießereitechnologie neu zusammenzustellen und dabei auf die angeführte Dokumentation als Quelle zurückzugreifen. Angeregt und stetig gefördert wurde der Bildband über die Entwicklung der Gießereitechnik von Gerhard Engels, Düsseldorf.

Das Gießen von Metallen in Formen ist eine alte Technik, der sich der Mensch bei der Fertigung von Werkzeugen und Gegenständen bediente, seitdem das Schmelzen bekannt war. Angestrebt wurde, die Leitlinien zur Entwicklung der Form- und Gießverfahren in chronologischem Zusammenhang, aber ohne Anspruch auf Vollständigkeit zu umreißen. So wird versucht, auch weniger bekannte Zusammenhänge für die Entstehung der heutigen Verfahrenstechnologie darzulegen.

Das Buch soll auch zeigen, welch große Bedeutung das Gießen von Metallen seit 5ooo Jahren hat, um Gebrauchsgegenstände und künstlerische Teile ebenso wie Bau- und Maschinenelemente herzustellen.

Dem Bildband ist ein Ausstellungsverzeichnis beigefügt, das den Zugang zu einschlägigen, aber weitverstreuten Museumsschätzen erleichtern kann.

Das Schrifttumsverzeichnis umfaßt die bis Ende 1983 bekanntgewordenen technik- und kunstgeschichtlichen Arbeiten zur Gießereitechnologie. Die Quellen (1) bis (1o) beziehen sich auf allgemeine Veröffentlichungen und zusammenhängende Darstellungen der Geschichte gegossener Metalle.

Auch an dieser Stelle wird Frau Renate Brand, Düsseldorf, und den Herren Günter Bauhoff, Düsseldorf, Hanspeter Britt, Winterthur, Hans Drescher, Hamburg, Gerd-Otto Eggers, Hirzenhain, sowie Karl Roesch, Remscheid, für viele Anregungen zum Manuskript gedankt. Dank gebührt auch Herrn Kurt Heggemann und Frau Ingeborg Klein, Düsseldorf, für die Anfertigung der Druckvorlage sowie Herrn Michael Jeiter, Aachen, der sich mit zahlreichen Bildern an dem Buch beteiligte.

Manche Hinweise - besonders zu Bildunterlagen - ergaben sich aus den vielfältigen Kontakten zu Museen, Bildarchiven und Gießereien, deren Bemühungen hier ebenfalls gewürdigt seien.

Heinz Wübbenhorst

1. FRÜHER METALLGUSS IN ASIEN, ÄGYPTEN UND EUROPA

Die ältesten gegossenen Gegenstände überhaupt, Waffen und Kultgegenstände aus Kupfer, stammen aus Vorderasien und Indien. Sie werden auf die Zeit um 3000 v. Chr. datiert. Möglich ist, daß die Technik, Metalle in Formen zu gießen, von Vorderasien ausging: es gibt aber auch Annahmen, daß diese Kunst unabhängig voneinander in Indien und, ab 2000 v. Chr., auch in China entstand.

Die ersten Kupferlegierungen enthielten Arsen; schon ab 2500 v. Chr. gelang es, ausgesprochene Blei-Zinn-Bronzen herzustellen, die gut gießbar waren. In der Römerzeit wurde die Messingherstellung durch Einschmelzen von Kupfer mit Galmei bekannt, obwohl man zu dieser Zeit noch kein reines Zink herstellen konnte.

Die Schmelzöfen der frühen Metallzeit lassen sich teilweise von keramischen Brennöfen ableiten. Um 2000 v. Chr. wurde die Feuerführung der Öfen durch Einblasen von Luft mit Blasrohren und Blasebälgen verbessert. Die ältesten Gebläse stammen wahrscheinlich aus China: hier wurde das Kastengebläse entwickelt.

Die Modell- und Formherstellung wurde von Anfang an gut beherrscht. Verlorene Formen aus Lehm und Ton, Modelle aus Wachs für die Einzelfertigung sowie Dauerformen aus Stein und Metall für die Serienherstellung von Gußstücken waren bekannt; das Herstellen von Hohlräumen durch Kerne wird schon durch älteste Gußstücke belegt.

Bronzene Werkzeuge und Waffen aus der frühen Zeit beeindrucken durch präzise Gießtechnik und zweckmäßige Ausführung. Der Bildguß bei hervorragender künstlerischer und technischer Gestaltung erreichte nach 500 v. Chr. in Griechenland einen Höhepunkt (11).

Von der Stein- zur Metallzeit

Der Mensch hat auch in den ältesten Zeiten seiner rd. 1 Mio. Jahre dauernden Entwicklung über die Nahrung hinaus natürliche Stoffe genutzt. Besonders Steine - daneben Holz und Knochen - waren die Werkstoffe für Werkzeuge und Waffen. Werkzeuge waren notwendig, um Nahrung zu gewinnen, Kleidung sowie Schmuck herzustellen und Wohnstätten zu bauen. Waffen dienten der Jagd und dem Schutz vor Feinden.

Die Lebensbedingungen für den "Homo sapiens" der Steinzeit erleichterten sich, nachdem er das Feuer als Wärmequelle beherrschte. Dabei hat er gelernt, daß das Feuer die Erde verändert.

Gegenstände aus Lehm und Ton - anfangs in der Sonne getrocknet - konnte er am Ende der Steinzeit im Feuer brennen. Die ältesten gebrannten Gefäße stammen aus der Zeit um 10000 v. Chr.; Hinweise auf zweckmäßige Brennöfen liegen aus der Zeit um 6000 v. Chr. vor.

Um diese Zeit entdeckte der Erdbewohner, daß er das mitunter natürlich vorkommende Gold und Kupfer schmelzen konnte (6), (10), (11), (vgl. 14). Die eigentliche Metallzeit setzte ein, als man aus geeigneten Steinen (Erzen) Metalle schmelzflüssig erzeugte (durch Holzkohle reduzierte), um sie dann durch Gießen und Hämmern zu Gegenständen zu formen (Tafel 1).

Wahrscheinlich ist Blei (7) als erstes Metall bereits vor Kupfer aus Erzen gewonnen worden. Nach archäologischen Forschungen sind Kupfererze zum ersten Mal um 5000 v. Chr. in Vorderasien verhüttet worden. Das Kupferschmelzen und -gießen ist von dort nach Ägypten und Europa gelangt. Ob die frühen Zentren der Gußerzeugung in China und Indien von Kleinasien beeinflußt wurden oder unabhängig entstanden, ist nicht geklärt.

Tafel 1: Ungefähre Zeitfolge von metallurgischen Verfahren in der Vor- und Frühgeschichte

	Vorgang	geschätzter frühester Zeitpunkt v. Chr.
1.	Ton brennen	um 10000
2.	Gold: Schmelzen - Gießen - Schmieden	um 7000
3.	Kupfer: Schmelzen - Gießen - Schmieden	um 7000
4.	Bleierze verhütten; Bleigießen	um 6000
5.	Kupfererze verhütten; Kupfer: Gießen - Schmieden	um 5000
6.	Kupfermischerze (As, Pb) verhütten; Kupfer (As, Pb): Gießen - Schmieden	um 4000
7.	Zinnerze verhütten; Zinngießen	um 3000
8.	Kupfer mit Zinn legieren*; Bronze: Gießen - Schmieden	um 2500
9.	Eisenerze** "rennen"; Stahlschmieden	um 1500
10.	Kupfer mit $ZuCo_3$ und Kohlenstoff behandeln***; Messing: Gießen - Schmieden	um 1000

* ggf. auch Einschmelzen von Kupfer mit Kassiterit (Zinnstein)

** Gußeisenerzeugnisse in China ab 500 v. Chr., in Europa erst ab 1400 n. Chr.

*** Galmeiverfahren; wurde im Römischen Reich um die Zeitenwende bekannt

1 Die älteste bisher bekannte großdimensionale Figur, die nach dem Wachsausschmelzverfahren hohl gegossen wurde, ist nach W. W. Krysko ein 2 m hoher, bronzener Kourus, der 1959 bei Piräus gefunden wurde und 53o bis 52o v. Chr. gegossen worden ist (7).

Vom Kupfer zur Bronze und zum Messing

Vor rd. 1oo Jahren wurden die vorgeschichtlichen Zeiträume in die Perioden Steinzeit, Bronzezeit und Eisenzeit eingeteilt. Nach vermehrten Werkstoffuntersuchungen und verbesserten Datierungsmethoden hat man dann festgestellt, daß die ältesten Funde der "Bronzezeit" nicht aus Kupfer-Zinn-Legierungen, die wir Bronze nennen (z.B. 9 Teile Kupfer, 1 Teil Zinn), sondern praktisch aus reinem Kupfer bestehen. Die ersten Kupferlegierungen sind sicher nicht bewußt geschaffen worden, sondern sie ergaben sich aus der Zusammensetzung der Mischerze. Besonders sind Arsen und Blei als Beimengungen bekannt (11) bis (14). Erst vom Jahre 25oo v. Chr. an werden in den Funden die eigentlichen Bronzen aus Kupfer und Zinn häufiger (vgl. Tafel 1).

Der Mensch hat bei seinen Schmelzkünsten bald gemerkt, daß die "Steine" ein sehr unterschiedliches Metall gaben, das die Formen ausfüllte. Er stellte fest, daß gediegenes Kupfer und bestimmte Erze - nämlich solche, die reines Kupfer erbrachten - für das Gießen nicht sonderlich geeignet sind. Reines Kupfer hat nämlich eine vergleichsweise hohe Schmelztemperatur (1o83°C) und keine günstigen Gießeigenschaften. Es ergibt nur einen porigen Guß, weil es - wie man viel später festgestellt hat - im flüssigen Zustand Gase löst, die bei der Erstarrung wieder frei werden.

Es zeigt das stoffliche Denken des "bronzezeitlichen" Gießers, daß er es nach langem Probieren fertigbrachte, Legierungen von Kupfer und anderen Elementen und damit besser gieß- sowie verarbeitbares Metall zu erschmelzen. Die Bedeutung der Legierungselemente für das Kupfer, sei es Arsen, Blei oder besonders Zinn, ist aus heutiger Sicht einfach: sie wirken als Schmelzpunkterniedriger sowie Entgasungsmittel und machen die Schmelze dünnflüssiger; schließlich verbessern sie das Gefüge.

Die Bronzekunst beweist weite Handelswege der alten Welt: Ägypten hat wahrscheinlich das Zinn ebenso wie das Kupfer von der Sinai-Halbinsel bezogen, Rom von Spanien und England. Die Bronze wurde meist aus metallischem Kupfer und metallischem Zinn erzeugt; u.U. wurde auch das Kupfer mit Zinnerzen "zementiert".

Tafel 2: Richtwerte für die Zusammensetzung von Kupfer-Gußwerkstoffen, basierend auf Funden in Großbritannien und Irland, nach (15)

	Zusammensetzung in %					
	As	Sb	Ag	Sn	Pb	Zn
Kupferzeit	2,5	o,6	o,2			
Frühe Bronzezeit	o,5	o,25	o,2	1o		
Mittlere Bronzezeit	o,35	o,1	o,1	13		
Späte Bronzezeit	o,1o	o,1	o,1	1o	5	
Frühe Eisenzeit	o,o3	o,o1	o,o1	1o	5	
Römische Zeit				13	7	3
Mittelalter				3	4	25

Messing (lateinisch: aurichalcum) war schon den Römern als "auf Gold behandeltes" Kupfer bekannt. Sie benutzten die Kupfer-Zink-Legierung, die sie wahrscheinlich von kaukasischen Völkern kennenlernten, für Kleinguß und Münzen. Ohne daß das Metall Zink bekannt war, wurde Messing durch Behandlung von Kupfer mit einer Mischung von Galmei (Zinkcarbonat) und Kohlenklein hergestellt (6), (16).

In der Vor- und Kunstgeschichte wird meist nicht zwischen Bronze und Messing unterschieden. Häufig werden beide Werkstoffe als Bronze bezeichnet (17). Ein Grund dafür ist, daß manche jüngere Fundstücke Zinn und Zink als Legierungselemente enthalten. Nachdem jetzt auch den Museen spektroskopische und andere

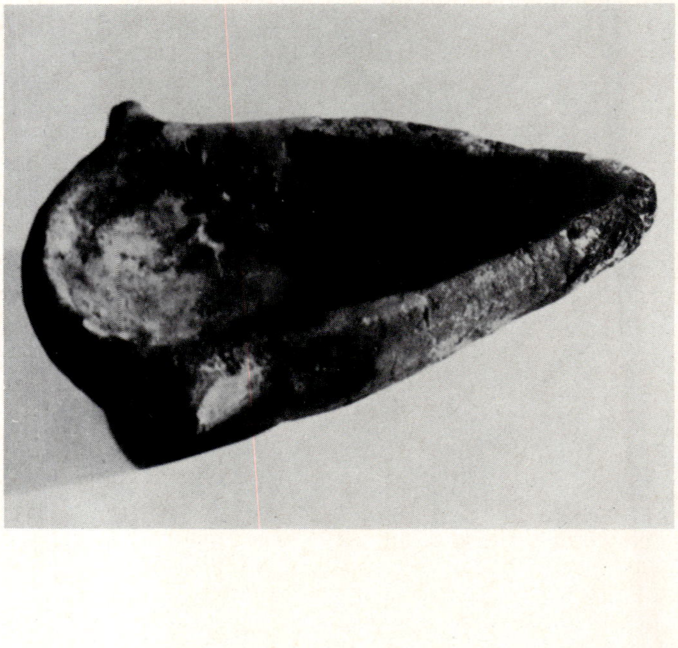

2 Ein Tiegelschmelzofen aus der Zeit um 11oo v. Chr. aus einem Pfahldorf der Bronzezeit wurde im Freilichtmuseum Unteruhldingen am Bodensee rekonstruiert (21). Dazu gehören Schmelztiegel für Bronze, wie sie schon um 2ooo v. Chr. bei Troja benutzt wurden (1); Länge 15 cm, Breite 1o cm.

neuzeitliche Verfahren zur Untersuchung von Metallen mit geringem Proben- und Arbeitsaufwand zur Verfügung stehen, strebt man stärker als früher an, die Funde und Exponate mit genauen Analysenangaben zu belegen (18), (19).

Schmelzöfen und Windzufuhr

Die Geschichte der frühen Feuerungen und Öfen zum Schmelzen und Verhütten ist noch nicht geschrieben. So ist man auf Einzelhinweise angewiesen, die folgende Fakten ergeben: ohne Zweifel entstanden Schmelzöfen mit Tiegeln für das Metall eher als Verhüttungsöfen, in die Erz und Holzkohle eingegeben wurden. Beide Ofentypen sind vom freibrennenden Feuer und vom keramischen Brennofen abzuleiten.

Bei den Tiegelöfen mit feuerbeständigen Gefäßen kam es aus Gründen des Hitzeschutzes und einer verbesserten Feuerführung wohl bald zu einer bienenkorbartigen Umwallung. Im Freilichtmuseum Unteruhldingen am Bodensee wurde ein solcher Ofen aus der Zeit um 1000 v. Chr. (20) rekonstruiert (21). Dazu gehören Schmelztiegel, wie sie schon 1000 Jahre früher bei Troja benutzt wurden (Bild 2).

Die Entwicklung vom freibrennenden Feuer zum Schachtofen hat lange gedauert. Die schematische Darstellung (Bild 3) deutet an, daß auch hier eine Umwallung nur eine Zwischenstufe war. Eine Verbesserung der Wind- (Luft-)führung konnte durch einen Rost, besonders aber auch durch Winddüsen erreicht werden (22). Zu fragen ist, ob der Schachtofen, der später in Hütten und Gießereien große Bedeutung bekam, schon im Altertum benutzt wurde.

Schon in vorgeschichtlicher Zeit wurde die Bedeutung der Windführung für Feuer und Öfen klar erkannt. Häufig errichtete man die Öfen an Abhängen, um den natürlichen Auftrieb der Luft besser zu nutzen. Bedeutende Schritte zur geregelten Luftzufuhr waren die Anwendung zunächst von Blasrohren (Bild 4) und später von Blase-

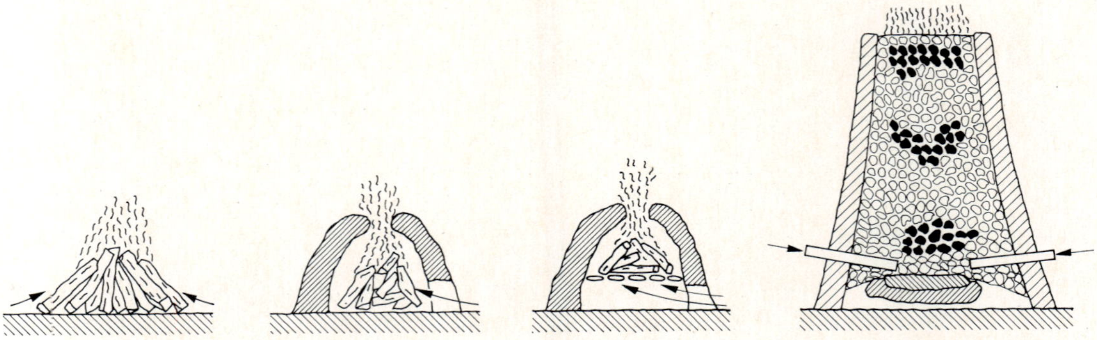

3 Die Entwicklung des Schachtofens führte, vom freibrennenden Feuer ausgehend, über den Herdofen (22).

4 Die auf eine Steinzeichnung zurückgehende Darstellung des Schmelzens von Gold aus der Zeit um 235o v. Chr. bezeugt nach einer Dokumentation des Deutschen Museums, München, daß die Ägypter Blasrohre für die Windzufuhr zum Schmelzfeuer benutzt haben.

5 "Da riß alles Volk sich die goldenen Ohrringe von den Ohren und brachte sie zu Aaron. Und er nahm sie von ihren Händen und bildete das Gold in einer Form und machte ein gegossenes Kalb. Und sie sprachen: Das ist dein Gott, Israel, der dich aus Ägyptenland geführt hat! Als das Aaron sah, baute er einen Altar vor ihm und ließ ausrufen und sprach: Morgen ist des Herrn Fest." 2. Buch Mose 32, 3-5.
Marc Chagall: Das goldene Kalb

bälgen, die mit Tondüsen bestückt waren. Aus China sind Kastengebläse bekannt (vgl. Abschn. 2). Vielleicht sind diese chinesischen Gebläse schon im Altertum mit Wasserkraft betrieben worden.

In dem 145o v. Chr. angelegten Grab des Wesirs Rechmirē in Theben (Ägypten) ist eine Gießerei mit Tiegelfeuern dargestellt (Bild 6). Man sieht das Einsetzen des Tiegels in das mit Blasebälgen betriebene Feuer. Der Tiegel wurde mit Federzangen aus dem Feuer genommen. Im unteren Teilbild ist besonders das Gießen gezeigt.

Form- und Gießverfahren

Viele Funde zeigen, daß bereits in der frühen Zeit, so bei den Ägyptern und auch in China, eine vielseitige Formtechnik beherrscht wurde. Die Herstellung von Modellen aus Holz, Ton und anderen geeigneten Stoffen zum Ausformen war gebräuchlich.

Bei einfachen, einseitig geformten Gegenständen, z.B. Barren, haben die Menschen der älteren Zeit wahrscheinlich schon tonhaltigen Sand als Formstoff benutzt (23). Der Herdguß war bekannt: dazu wurde ein waagerechtes Formbett hergerichtet, in das der abzugießende Gegenstand einzudrücken war; dabei entstand ein Hohlraum, in den direkt oder mit Hilfe eines Zulaufs gegossen wurde.

"Verlorene" Gießformen bestanden häufig aus Lehm, der mit Sand gemagert und mit Dung oder Hanf versetzt war, um die Formen gasdurchlässig zu machen. Offensichtlich haben an vielen Orten und zu vielen Zeiten die Menschen in ähnlicher Weise aus Erfahrungen gelernt, so daß Prioritäten und eine systematische Ausbreitung neuer Erkenntnisse nicht erkennbar sind. Häufig geschah es, daß Techniken in Vergessenheit gerieten und viel später an anderer Stelle neu entwickelt wurden.

Gebrannte Tonformen aus der Zeit nach 16oo v. Chr. sind neuerdings in großem Umfang in China ausgegraben worden (24) bis (27). Teilformen und Kerne aus Ton, mit

6 In Oberägypten, nicht weit von Luxor und nahe dem Tal der Könige beim früheren Theben, liegen die Grabstätten der Aristokraten in Schêch abd el Kurna. Während in den Königsgräbern die Todesmythologie dominiert, ist in den Gräbern der Patrizier die Vielfalt des täglichen Lebens dargestellt. Das Grab des ägyptischen Stadthalters, des Vesirs Rechmirê der 18. Dynastie, zeigt das Treiben der Metallgießer um 145o v. Chr. (3); oben: Arbeiten am Tiegelfeuer und Betätigung der Blasebälge; Mitte: Abnehmen des Schmelztiegels; unten: Gießen einer Tempeltür und Transportarbeiten.

Blechstützen festgelegt, wurden vor dem Gießen von alten chinesischen Bronzegefäßen zusammengebaut (Bild 7). Diese dreibeinigen Gefäße ähneln auffallend den bronzenen Grapen, die im 13. Jahrhundert oder früher im europäischen Raum aufkamen und im Haushalt verwendet wurden (56). Formen und Kerne wurden wahrscheinlich mit Ruß als Schlichte gepudert.

Es liegen Nachrichten darüber vor, daß das Wachsausschmelzverfahren schon um 3000 v. Chr. in Vorderasien und Indien, später in Ägypten und Europa angewandt wurde (28) bis (31). Der Fertigungsablauf war nach dem ursprünglichen (direkten) Verfahren:

1. Anfertigung des Tonkerns
2. Auflegen und Modellieren der Wachsmodellschicht
3. Anbringen der Eingüsse und Windpfeifen aus Wachs
4. Herstellung des Formmantels aus Ton
5. Ausschmelzen des Wachses und Glühen der Form
6. Eindämmen der Form
7. Gießen
8. Zerschlagen der Form

Beim kernlosen Gießen, mit dem die Entwicklung des Wachsausschmelzverfahrens wohl anfing, bettete man das Wachsmodell direkt in die umhüllende Tonschicht (Bild 8 a).

Die Entwicklung des Gießens nach Wachsmodellen ist in Griechenland um 500 v. Chr. durch Anfertigung von Negativformen (Bild 8 b) wesentlich verbessert worden. So konnte man Nachgüsse anfertigen und die Wanddicke der Gußstücke gleichmäßiger einstellen.

Dauerformen - gewissermaßen Vorläufer für Kokillen der heutigen Zeit - bestanden aus Sandstein, Schiefer oder Speckstein, aber auch aus Bronze.

Bild 9 zeigt eine 3000 Jahre alte Sandsteinform für die Schmuckherstellung. Man sieht deutlich die Luftpfeifen und den Gießtrichter, der gleichzeitig die Funktion des Speisers hatte (32), (33).

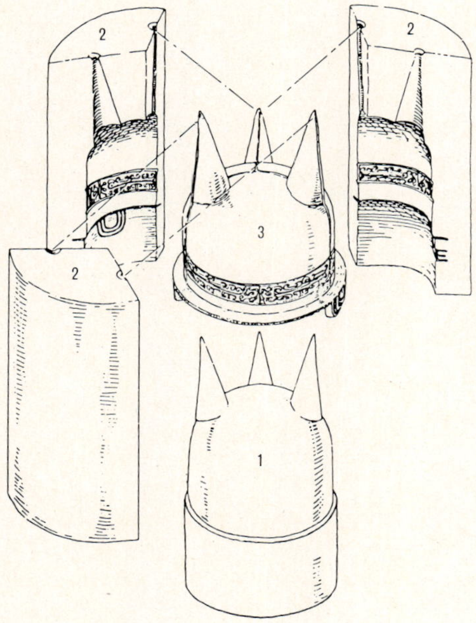

7 Über 3000 Jahre alte Formen aus gebranntem Ton sind in China ausgegraben worden. Schon damals tauchen dreibeinige Gefäße auf 3, die in dreiteiligen Formen aus Ton 2 mit einem inneren Tonkern 1 gegossen wurden. Sie erinnern an die bronzenen Grapen, die im 13. Jh. oder früher im europäischen Raum aufkamen und im Haushalt verwendet wurden (56).

1a

2

3

4

5

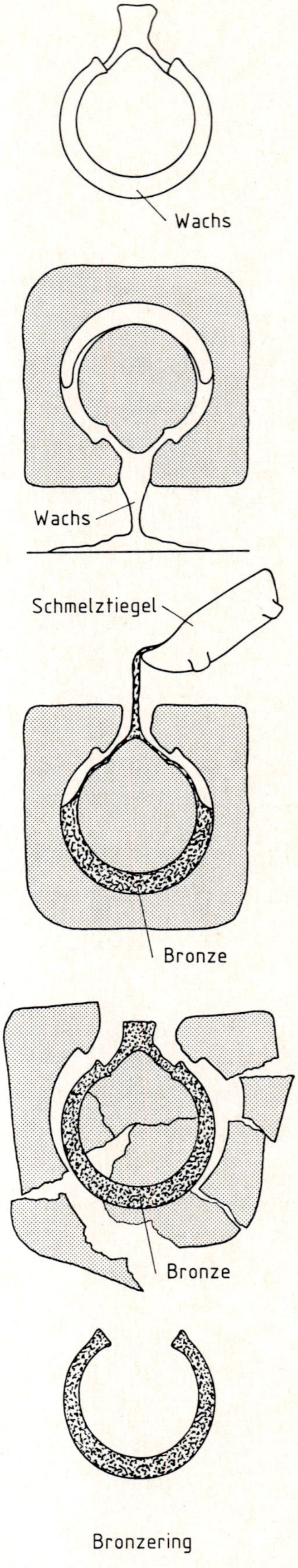

1b

2

3

4

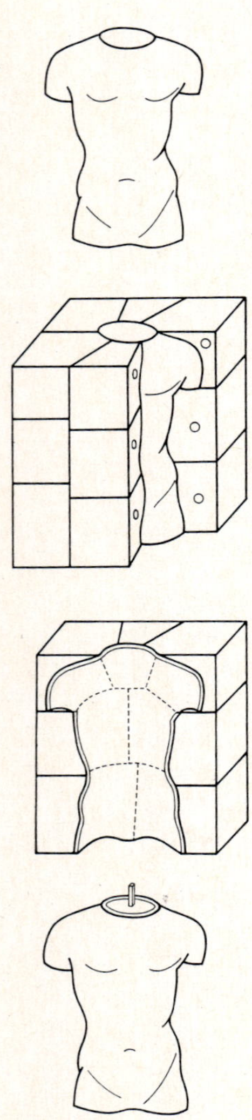

8 Das Wachsausschmelzverfahren kam um 3ooo v. Chr. in Vorderasien und Indien auf, zunächst das direkte Verfahren a, das auch eines der Hauptverfahren der europäischen Bronzegießer gewesen ist (28):

1. Formen des Wachsmodells eines Ringes
2. Einbetten des Modells in Lehm, anschließend Ausschmelzen des Wachses und Brennen des Lehms
3. Gießen der Bronze in den Hohlraum
4. Entnahme des Gußstücks nach Zerschlagen der Lehmform
5. Abschlagen von Einguß und Gießzapfen, Nacharbeiten des Gußstücks

Um 5oo v. Chr. begannen die Griechen, Bronzestatuen nach dem indirekten Verfahren b herzustellen (31):

1. Ausgangsmodell einer Figur in Ton
2. Hilfsnegative in Ton
3. mit Wachsschicht verkleidete Negative
4. Wachsmodell mit Tonkern auf einer Eisenstange.

Bei Sandsteinformen der alten Zeit ist manchmal nicht zu unterscheiden, ob eine echte Gießform oder nur eine Mutterform zur Anfertigung von Wachsmodellen vorliegt. Unterscheidungsmerkmale sind das Fehlen von Luftkanälen bei Wachsformen bzw. Verfärbungen an Gießformen durch Hitzeeinwirkung (28).

In Bild 1o ist eine zweiteilige Dauerform aus Bronze für ein Beil dargestellt. Mit nachgegossenen Klappformen dieser Art konnten erfolgreiche Gießversuche (34) gemacht werden.

Von großer Bedeutung für die frühe Gießtechnik war der Überfang- bzw. Verbundguß (35). Damit wird ein Verfahren bezeichnet, bei dem Werkstücke durch Um- oder Aufgießen verbunden oder ergänzt werden. Das Ausbessern von Gußfehlern war ebenso bekannt wie die konstruktive Anwendung zur Verbindung von Teilen, z.B. Schwertklinge und Griff, Beilklinge und Schaft, Schmuckstück und Nadel.

Ein bemerkenswertes Beispiel für die Anwendung von Verbundguß bei einer komplizierten Instandsetzung sind die vier Bronzeräder von Stade, mit 58o mm Ø und 12 kg Gewicht die wohl schwersten Gußstücke der nordischen Bronzezeit. Sie sind mit Hilfe von über Lehmkernen geformten Wachsmodellen gegossen. Drei der vier Räder mußten in der Vorzeit erheblich nachgebessert werden (Bild 11). An den Speichen der Nabe und der Felge mußte mit Wachs nachmodelliert und dann gegossen werden. Um eine Materialverbindung beim Gießen sicherzustellen, sind an mehreren Stellen des auszubessernden Rades Löcher gebohrt, in die sich die erstarrende Bronze verklammern konnte.

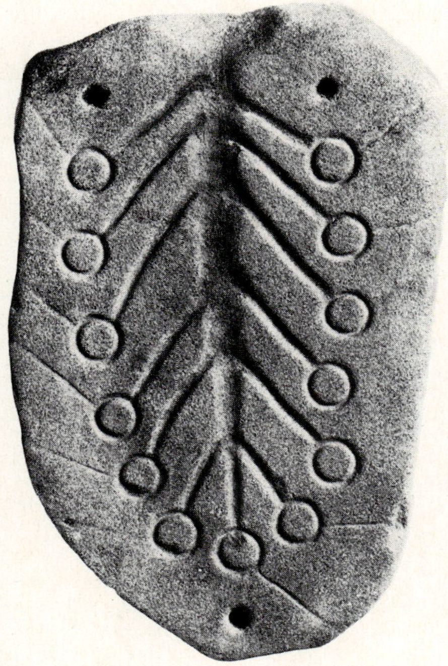

9 Aus der Seerandsiedlung Zürich "Alpenquai" stammt die Hälfte einer Gießform aus feinkörnigem Sandstein, mit der um 1ooo v. Chr. Ringe gegossen wurden. Von den 13 Ringnegativen in bäumchenförmiger Anordnung führen seitwärts Entlüftungskanäle nach außen. Die Form ist in der Längsachse schwach konkav gewölbt und mit 3 Einpaßvertiefungen versehen. Länge 18,3 cm, Breite 12,3 cm (Foto Schweizerisches Landesmuseum) (33).

Gegossene Statuen, Geräte und Waffen

Nach den technologischen Anmerkungen zum frühen Gießen sollen nun ohne Anspruch auf Systematik einige Hinweise auf bemerkenswerte Gußstücke mit Angaben zur Fertigungstechnik folgen.

Zu den ältesten Gußfunden überhaupt gehören die

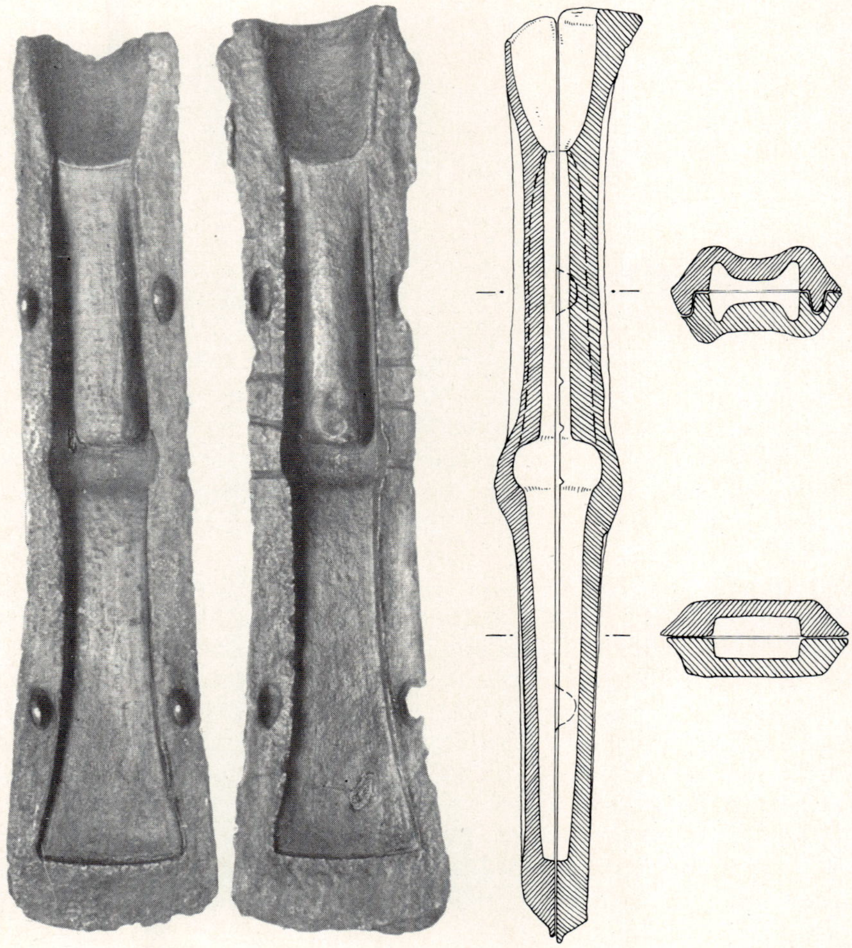

1o Das Gießen in metallische Dauerformen war im Nordischen Kreis gegen Ende der mittleren Bronzezeit bekannt. Die zweiteilige Bronzegießform (Zinngehalt rd. 12 %) für Absatzbeile (rd. 218 mm lang) stammt aus der Zeit um 12oo v. Chr. und wurde in Haassel, Krs. Uelzen, gefunden (34).

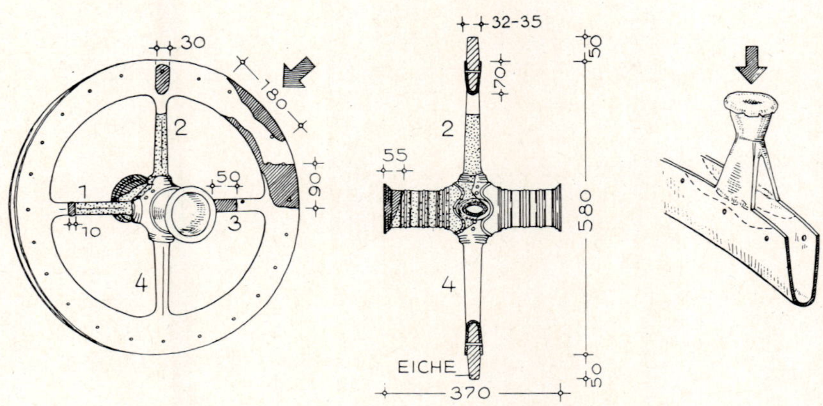

11 Bei Stade/Holstein wurden die schwersten Gußstücke der jüngeren Bronzezeit gefunden: 4 Räder, wahrscheinlich von einem Prozessionswagen aus der Zeit zwischen 85o und 7oo v. Chr. Fehlstellen an Speichen und Radkörper wurden nachweisbar durch Verbundgießen ausgebessert (35).

12 Zu den ältesten Beispielen der Wachsausschmelz-Technik mit Bronze gehört die Figur einer Tänzerin aus der Indus-Kultur. Die Bronzestatuette von Mohenjedaro (Indien) aus der Zeit um 3ooo v. Chr. wurde bekannt als "Dancing girl". Höhe 11,25 cm (36).

13 Blei gehört zu den frühesten Gießmetallen. Die in offener Form gegossene "Kappadozische Trinität" aus Kleinasien um 25oo v. Chr. symbolisiert die Dreieinigkeit der Familie (66 x 36 cm, Dicke 1 bis 3 mm) (7).

14 Bereits klassische Züge trägt der altmesopotamische Kupferguß eines männlichen Kopfes aus der Zeit um 2000 v. Chr., gefunden im Gebiet des Ichtar-Tempels (36 x 20 x 30 cm) (37).

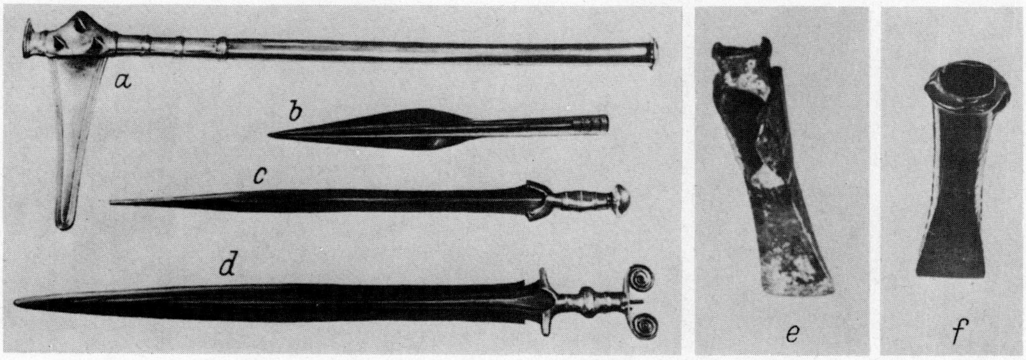

15 Waffen und Werkzeuge aus der Bronzezeit: a Dolchstab, ältere Bronzezeit, Länge etwa 6oo mm, b Lanzenspitze, jüngere nordische Bronzezeit, c und d Schwerter, jüngere Bronzezeit, etwa 5oo und 6oo mm lang, e und f Lappen- und Tüllenbeil (rd. 12o mm lang), etwa 11oo bis 75o v. Chr. (1).

nach dem Wachsausschmelzverfahren gefertigte indische Bronzestatuette einer Tänzerin (Bild 12) (36) und eine offen gegossene Bleifigur (Bild 13) aus Kappadozien (Kleinasien).

Ein bedeutendes altes Bildwerk aus Vorderasien ist ein bronzener Fürstenkopf (Bild 14); dieses altmesopotamische Gußstück wirkt trotz der starken Zerstörung auch heute noch zeitnah. Der Dargestellte ist eine hohe Persönlichkeit; sein Bildnis wurde, wohl bei kriegerischen Auseinandersetzungen, an Augen und Ohren zerstört (37).

Unter den Funden aus der frühen Zeit sind viele Waffen. Das Bild 15 a bis d gibt einen Überblick über Hieb- und Stoßwaffen. Bemerkenswert ist die künstlerische Ausführung der Griffe. Wichtigste Werkzeuge der alten Zeit waren Beile (Bild 15 e und f) mit verschiedenen Befestigungsarten. Waffen und Werkzeuge als "Serienteile" wurden meist in Dauerformen gegossen. Nach dem Gießen wurden die Geräte oft durch Schmieden kalibriert. Häufig ist die Bronze auch durch Kaltverformung in den Festigkeits- bzw. Gefügeeigenschaften verbessert worden.

Bei Luren (Bild 16), den waldhornähnlichen Blasinstrumenten der nordischen Bronzezeit, besteht das vom Mundstück zur Schallöffnung sich erweiternde dünnwandige Rohr aus mehreren Stücken, die einzeln gegossen sind. Die Nahtstelle wurde mit einer Bronze umgossen (Verbundguß), die meist einen höheren Zinngehalt und damit einen niedrigeren Schmelzpunkt hatte als das für die Rohrstücke verwendete Metall (35).

Ein bedeutendes Fundstück der nordischen Bronzezeit ist der kleine Kultwagen aus Trundholm in Jütland (Bild 17). Es ist der älteste erhalten gebliebene figürliche Hohlguß aus Mittel- und Nordeuropa. Das 29o mm lange Pferd ist dünnwandig über einen Tonkern gegossen.

Das altchinesische Weingefäß (Bild 18) ist nach der beschriebenen Tonformtechnik hergestellt (vgl. Bild 7). Das Bronzegefäß ist kennzeichnend für viele Funde, die durch Größe, künstlerische Ausführung und reiche Inschriften beeindrucken.

Die Ägypter haben der Nachwelt großartige Zeugnisse technischen und künstlerischen Schaffens hinterlassen. Weil ihnen das Leben im Jenseits wichtiger war als das irdische Leben, gaben sie den Verstorbenen reiche Gaben mit auf den Weg. So fanden sich in den Gräbern der Pharaonen, soweit sie nicht geplündert waren, unermeßliche Schätze: Schmuck, Waffen und Gebrauchsgegenstände aller Art. Unter den zahllosen bronzenen Kleinplastiken, die Götter in Tiergestalt zeigen, sind diejenigen des Totengotts Anubis als liegender Schakal und der Göttin Bastet als Katze besonders häufig (Bild 19). Bei älteren Stücken ist der Kern vorhanden, während er bei jüngeren entsprechend der heutigen Technik entfernt ist. Der Kernsand war mit einem Binder aus Asphalt oder Erdpech versetzt (28).

Der Bildguß der Antike erreichte nach 5oo v. Chr. in Griechenland einen technischen und künstlerischen Höhepunkt. Viele Bronzegüsse aus dieser Zeit sind zerstört, nur wenige wiedergefunden worden. Dazu gehören die hellenischen Heroen (Bild 2o), die an der jonischen Küste bei Riace im Meer geborgen werden konnten.

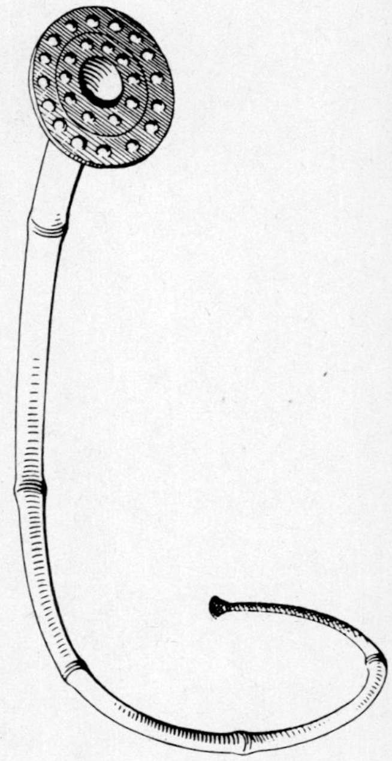

16 Lure aus dem Fund von Dabel (Krs. Demnin) (4).

17 Der älteste erhalten gebliebene figürliche Hohlguß aus Mittel- und Nordeuropa ist der kleine bronzezeitliche Kultwagen von Trundholm. Dänisches Nationalmuseum in Kopenhagen. Länge des Pferdes 29o mm (Nachbildung im Römisch Germanischen Museum in Mainz).

18 Eine große Zahl altchinesischer Bronzegüsse ist erst in jüngster Zeit bekanntgeworden, so das 196o ausgegrabene Weinopfergefäß im Shaanxi Provincial Museum Xi'an (Höhe 59,4 cm) (vgl. 24).

Diese bedeutenden Schöpfungen gehen wahrscheinlich auf den griechischen Bildhauer Phidias oder seine Schüler zurück (38). Ein Wagenlenker im Museum von Delphi ist auf 475 v. Chr. datiert.

Als großes Weltwunder galt im Altertum der Koloß von Rhodos als rd. 3o m hohe Statue des Sonnengottes Helios, die um 3oo v. Chr. aus Bronzegußteilen zusammengesetzt und nach kurzer Zeit durch ein Erdbeben zerstört wurde.

In das klassische Altertum führt die Darstellung einer Bronzegießerei in Attika auf einer Trinkschale, der sogenannten "Erzgießereischale" (39), (4o) aus dem 5. Jh. v. Chr. (Bild 21). Neben dem Schachtofen sitzt der Meister am Abstich. Der Mann hinter dem Ofen bedient wohl den Blasebalg. Rechts ist das Zusammensetzen einer Statue zu sehen. Auf der anderen Seite der Schale wird eine Statue nachbearbeitet.

19 Bronzene Katze der ägyptischen Göttin Bastet aus Bubastis, 6. Jh. v. Chr.;
Totengott Anubis in Gestalt eines liegenden Schakals, Ägypten, spätes Neues Reich, etwa 12oo v. Chr. (Länge 12 cm);
Originale im Kestner-Museum, Hannover;
Nachguß: Verein Deutscher Giessereifachleute.

2o Als eines der wenigen erhaltenen Beispiele griechischer Bildgießer aus dem 5. Jh. v. Chr. wurden erst 1972 im Meer an der Südküste Kalabriens die "Heroen von Riace" wiedergefunden (Höhe 1,98 m) (38).

a

b

21 Die Malereien auf einer rotfigurigen Trinkschale (12 cm hoch, 3o,5 cm Ø) aus der Zeit um 48o v. Chr. - vorhanden im Antikenmuseum, Berlin (39) (4o) - zeigen Szenen aus einer damaligen griechischen Bronzegießerei.

a: Zusammenfügen einer Statue aus einzelnen Gußstücken, links Arbeiter am Schmelzofen für das Lötmetall; b: zwei Arbeiter glätten mit Schabern die Oberfläche einer monumentalen Kriegerstatue.

22 Kopf eines der vier Pferde von San Marco; die vier vergoldeten Bronzerösser bilden die einzige uns überlieferte Quadriga aus antiker Zeit. 12o4 in Konstantinopel erbeutet, stehen die Pferde seit der Mitte des 13. Jh. über dem Hauptportal der Bischofskirche Venedigs.

Die Römer lernten die Kunst des monumentalen Bildgießens von den Griechen. Von den späteren antiken Schöpfungen sind besonders die Pferde von San Marco (Bild 22) eindrucksvoll, die wahrscheinlich in den ersten Jahrhunderten nach der Zeitenwende gegossen worden sind. Die Gußteile sind durch Nieten zusammengefügt und bestehen praktisch aus reinem Kupfer (nur 2 % Zinn- und Bleibeimengungen). Dieser Werkstoff war offenbar für die Feuervergoldung besonders geeignet. Nach wechselvoller Geschichte haben die vier Pferde seit langem ihren festen Platz auf dem Sims des Markus-Doms in Venedig, der ihnen auch den Namen gab.

Als ältestes gegossenes Reiterstandbild, das uns erhalten ist, gilt das etwa 1800 Jahre alte Reiterstandbild von Marc Aurel, dem Philosophen auf dem Kaiserstuhl, vor dem Kapitol in Rom (Bild 23). Die durch überragende Darstellungsweise beeindruckende Figur besteht aus einer Blei-Zinn-Bronze-Legierung.

Die Buddha-Statue in Nara

Von altersher war Bronze in Asien, besonders in China, Indien und Japan, ein wertvoller Gußwerkstoff für Bildwerke, Kultsymbole und vielerlei Gegenstände. Nach Einführung des Buddhismus um 500 n. Chr. werden zahlreiche Buddhadarstellungen als große Statuen geschaffen.

Das größte Buddha-Standbild in Japan ist das vergoldete Monument in Nara (41) bis (44), das auf das Jahr 747 n. Chr. zurückgeht (Bild 24). Das 380 t schwere, rd. 15 m hohe, aus einer Bronze mit weniger als 2 % Zinn und rd. 3 % Arsen gegossene Kulturdenkmal ist das schwerste Kupfergußstück der Welt (Tafel 3).

Das genaue Bild des Buddhas wurde zunächst aus geeignetem erdigen Material geformt (Bild 25); eine Balkenkonstruktion gab der Statue aus Lehm einen sicheren Halt. Nach ihrer Trocknung wurde eine Außenform aus zahlreichen bündig aufliegenden, abhebbaren Einzelteilen als Negativform gestaltet. Nach Abheben dieser Außen-

Als älteste erhaltene antike Rei-
statue gilt die des römischen Impera-
s Marc Aurel (gest. 180 n. Chr.) auf
n Kapitol in Rom.

24 Das schwerste Bronzestandbild der Welt ist die rd. 15 m hohe, 38o t schwere, vergoldete Buddha-Statue im Todaiji-Tempel in Nara (Japan), die in den Jahren 747 bis 749 n. Chr. auf Befehl des Kaisers Shomu entstand. Sie stellt den Buddha Vairocana bei der Predigt dar.

a

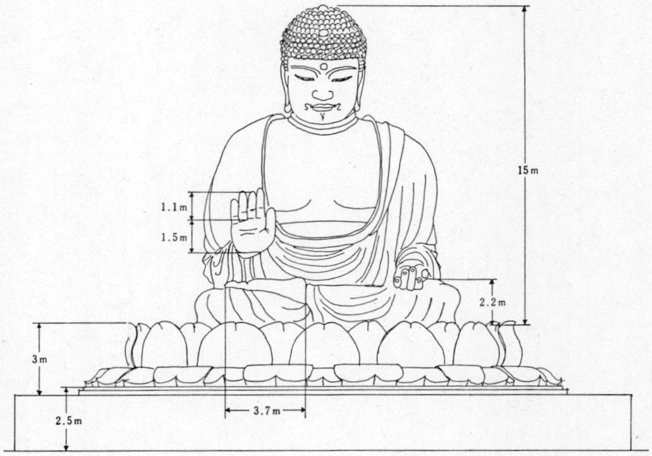

b

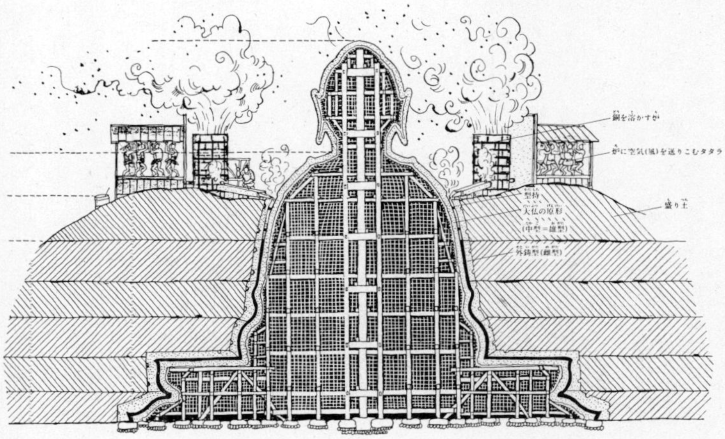

c

25 Der Guß des Nara-Buddhas ist bildlich hervorragend dokumentiert (43): Das Teilbild a veranschaulicht Größe und Proportionen; allein die Hand überragt mit 2,6 m Länge die Größe eines Menschen erheblich.

Das Standbild wurde zunächst auf einem Skelett aus Holzpfeilern und Bambusstäben aus Lehm geformt b. Auf dieser inneren Form wurde nun in 8 Schichten nacheinander von unten nach oben die äußere Form aufgestampft. Nach dem Abnehmen der Außenformteile wurde das Lehmmodell um die erforderliche Wanddicke verkleinert und diente nun als Kern. Wenn eine Schicht in vollem Umfang fertiggestellt war, wurde aus mehreren Schachtöfen gleichzeitig gegossen. Entsprechend der Zahl der Schichten wiederholte sich der Vorgang achtmal, bis das Standbild vollendet war (44).

Die "Koshiki"-Schmelzöfen c waren Schachtöfen mit einer Höhe von 2 m und einem inneren Durchmesser von rd. o,5 m. In dem Ofen wurde stündlich 1 t Metall geschmolzen, wenn mehrere kräftige Männer durch Verlagerung ihres Gewichtes das neben dem Ofen in einer Hütte stehende "Tatara"-Gebläse bedienten. Im Hintergrund wird das Einsatzmaterial vorbereitet (42), (43).

Tafel 3. Abmessungen und chemische Zusammensetzung von gegossenen japanischen Buddha-Statuen; nach (43)

		ASUKA	NARA	KAMAKURA
Fertigung	Beginn (n. Chr.)	6o5	747	1252
	Ende (n. Chr.)	6o6	749	?
Höhe	m	2,75	16,21 (14,87)*	11,44
Gewicht	t	15	38o (25o)**	11o
Wanddicke	mm	8 bis 1o	55	5o bis 6o
chemische Zusammen-setzung in %	Cu	91,oo	93,15	68,76
	Sn	1,97	1,88	9,26
	Pb	2,96	o,55	19,57
	Zn	o,o1	-	Tr***
	Fe	-	o,25	o,o4
	Si	-	o,13	-
	As	-	3,o1	Tr***
	Au	o,o1	o,oo646	-
	Ag	o,o9	o,1497	Tr***
	Mn	-	Tr***	-
	Ni	-	Tr	Tr***
	Bi	-	o,14	Tr***
	Sb	-	o,o7	-
	Al	-	-	o,o8
	Ti	-	-	Tr

3o * 16,21 m (Original), 14,87 m (gegenwärtig)

** 38o t Gesamt (einschl. Sockel) 25o t Buddha-Statue

*** Spuren

formteile wurde die Innenform um rd. 5 cm abgeschält (Core-Shaving-Technik). So ergab sich die endgültige Kernform. Dann wurden die Außenformteile unter Zuhilfenahme von Kernstützen um den Kern gelegt, und so entstand der Hohlraum der Gießform. Die Statue konnte nicht als zusammenhängender Körper, sondern mußte etagenweise gegossen werden. Die Teile wurden durch Fugen verbunden. Je 6 bis 8 Männer betätigten die Gebläse der zahlreichen kleinen Schachtöfen. Die vergoldete Statue wurde 17o8 instandgesetzt, nachdem sie durch Brände des umgebenden Tempels mehrfach beschädigt worden war.

Sowohl religiöse als auch soziale Gründe führten in einer für Japan durch Erdbeben und Seuchen schweren Zeit zur Errichtung des gewaltigen Monuments. Unzählige Menschen waren mit der Fertigung des Bildwerks und den Vor- sowie Folgearbeiten (Geländeaufschluß, Bau des umgebenden Tempels) beschäftigt; durch Spenden von vielen Seiten wurde die Finanzierung gesichert.

Gießen von Glocken in Ostasien

Asien war sicher die Wiege der Glocke, die für die Kulthandlungen vieler Religionen eine große Bedeutung hat. Die ostasiatischen Glocken haben meist eine schlanke Form. Im Gegensatz zu der christlichen Glocke, die sich aus der ostasiatischen entwickelte, wird mit einem Klöppel, einem waagerecht schwingenden Balken, von außen an den Klangkörper geschlagen. Chinesische und japanische Glocken geben im Vergleich zu den abendländischen Glocken einen helleren Ton, wobei auch maßgebend ist, daß die ostasiatische Bronze im Vergleich zur abendländischen Glockenbronze einen viel geringeren Zinngehalt hat (bis 15 %).

Die Formen für die ostasiatischen Glocken (Bild 26) wurden aus Tonkörpern aufgebaut (Bild 27) (45). Die Form stand in einer Dämmgrube, zu der ggf. eine Gießrinne von mehreren Tiegelöfen führte (Bild 28) (46). Zu jedem Tiegelofen gehörte ein Kastengebläse, das

26 Die Ausbreitung der Kunst des Gießens von Tempelglocken bezeichnet auch die Ausbreitung des Buddhismus im asiatischen Raum von China nach Japan. Die 69 cm hohe "Dôtaku"-Bronzeglocke aus Japan stammt aus dem 3. Jh. der Yayoi-Zeit (Museum für Ostasiatische Kunst, Köln).

27 Ein Gewicht von 25o t hat die Große Glocke von Peking, die um 155o nach dem Tonblockverfahren hergestellt worden ist (45).

einen recht gleichmäßigen Windstrom gewährleistete (vgl. Bild 67).

Die Tiegelöfen wurden so nacheinander abgestochen, daß die Form durch einen ununterbrochenen Metallstrom gefüllt wurde. Andere Tiegelöfen konnten von den Gebläsen gelöst werden und waren mit Hilfe von Gabeln zur Formgrube zu tragen. Die Tiegel hatten unterhalb des Randes ein durch die Holzkohle und den Ofenmantel gehendes Ausgußrohr. Durch das Gießen aus dem Ofen wollte man verhindern, daß das Metall frühzeitig abkühlte.

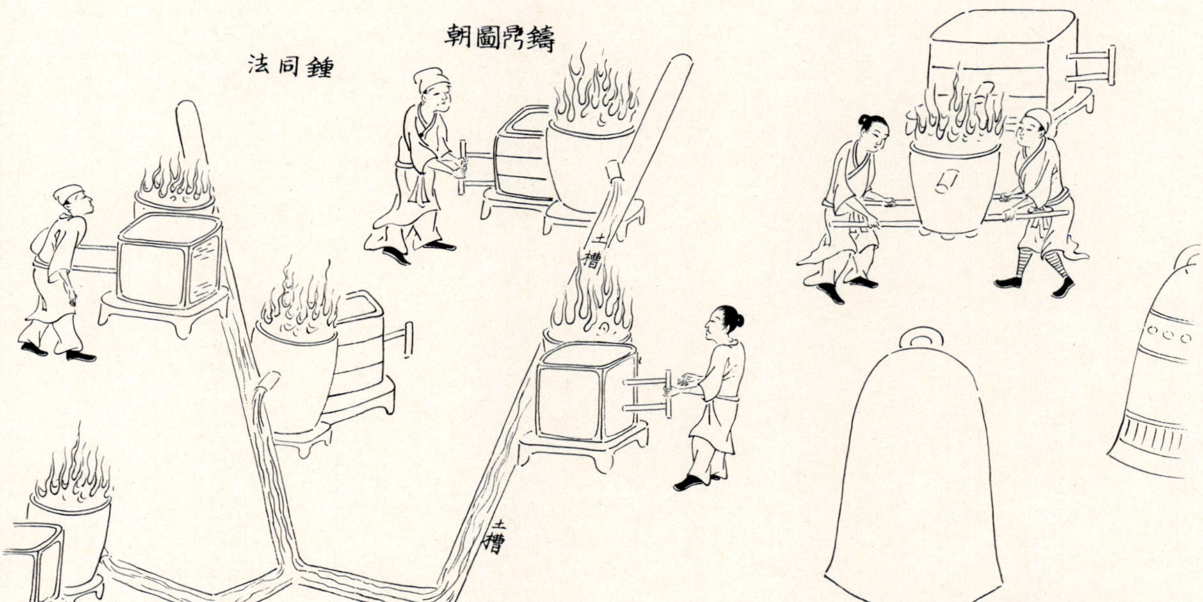

a

b

28 Eine sehr gute Darstellung des chinesischen Glockengusses befindet sich in Sungs des Verehrten Schrift "Kunstvoller Arbeiten erklärte Behandlung", die um 163o erschienen ist (46).
a Große Glocken wurden aus mehreren Schmelzöfen mit Kastengebläse gegossen.
b Die Tiegelöfen konnten auch auf Gabeln zur Formgrube gebracht werden.

2. METALLGUSS IM MITTELALTER UND BIS ZUR INDUSTRIALISIERUNG

Nach den großen Leistungen im Metallguß während der Antike hat es im abendländischen Mittelalter lange gedauert, bis der frühe Stand wieder erreicht war. Während jedoch zusammenfassende Überlieferungen zur Gießtechnik aus der antiken Zeit kaum vorliegen, beschäftigten sich schon um 114o der deutsche Mönch Theophilus und nach 15oo die Feuerwerksbücher - hier sei besonders die Schrift des Italieners Biringuccio genannt - recht ausführlich mit dem Formen und Gießen. Lehm, Gips und Wachs waren die wichtigsten Arbeitsstoffe. Tiegel- und später Flammöfen standen zum Schmelzen von Kupfer-, Zinn- und Bleilegierungen zur Verfügung. Für Kleinteile wird das Gießen in Formsand gebräuchlich; Dauerformen haben für den Massenguß aus Blei- und Zinnwerkstoffen große Bedeutung. Zunächst steht das Gießen von Glocken und anderem kirchlichen Gerät im Vordergrund; an der Wende zur Neuzeit erreicht der Bildguß die künstlerische Qualität des antiken Erzgusses.

Entwicklungslinien

Aus den ersten Jahrhunderten nach dem Zerfall des Römerreichs und der politischen Neuorientierung des Abendlandes liegen keine besonderen Hinweise zur Gußerzeugung vor.

Von etwa 75o n. Chr. an sind unter dem Einfluß der Kirche dann bemerkenswerte gegossene sakrale Gegenstände, wie Glocken, Domtüren und Taufgefäße, entstanden. Kennzeichnend für diese Zeit ist auch das Wirken des Mönchs Theophilus (47), der 114o verschiedene Metalltechniken, darunter das Gießen von Glocken und Gefäßen, ausführlich beschreibt.

Später haben wichtige Erfindungen das Gießereiwesen beeinflußt. Die Kenntnis des Schießpulvers ab etwa 135o war in steinernen Büchsen nicht gut zu nutzen. Gegossene Geschützrohre dagegen bewährten sich; als Werkstoff kam anfangs nur Bronze in Frage. Wenn rd. 2ooo Jahre später als in China ab etwa 14oo auch im Abendland Eisen geschmolzen werden konnte, so entstand damit dem Bronzeguß ein billigerer Konkurrenzwerkstoff. Im Zusammenhang mit dem Artilleriewesen wurden die sogenannten Feuerwerksbücher geschrieben, von denen hier die Pirotechnia (48) von Vanoccio Biringuccio (154o) und der Bericht des Büchsenmeisters Brunner (1547) (49) genannt seien. Diese Schriften geben manche Hinweise auf den Stand der damaligen Gießereitechnologie.

Die Verbesserung des Buchdrucks durch Johannes Gutenberg aus Mainz wurde nach 14oo möglich durch die Serienfertigung von gegossenen Lettern aus leichtschmelzenden Blei-Zinn-Antimon-Legierungen.

Es dauerte bis zum Ende des Mittelalters, bevor der Bildguß die Leistungen der Antike, besonders der griechischen, wieder erreichte. Cellini war ein italienischer Künstler, der 1526 die angewandten Techniken beschreibt.

Die erhaltenen Glocken, Geschützrohre, Gefäße und figürlichen Darstellungen legen Zeugnis ab für die hervorragenden Handfertigkeiten der damaligen Gießer. Alle diese Werke wurden - wie auch schon früher - praktisch ohne Kenntnis der physikalischen und chemischen Grundlagen der Gießtechnik geschaffen.

Im Abschnitt "von den Mühen der Gießkunst" der Pirotechnia fordert Biringuccio (48), wie in einer modernen Ausbildungsvorschrift, ein vielseitiges Können von dem Gießereimann, wenn er sagt: "daß der Gießer auch ein guter Zeichner ist und die Bildhauerkunst soweit wie möglich beherrscht. Er muß auch gut verstehen, in Holz und Eisen zu arbeiten, er darf in der Drechslerarbeit nicht unerfahren sein und muß mit Zuschlaghammer, Meißel, Handhammer, Säge, Stemmeisen, Feilen und allen Werkzeugen umzugehen wissen, die zum Glätten und Entfernen des Lehms und aller andern beim

a b

c

29 Bronze-Schmelzöfen des Mittelalters beschreibt Biringuccio: Sie wurden als Korböfen a, als ummauerte Tiegel b oder auch als Feuerstellen zum Schmelzen in einer Kelle c betrieben. In die Tiegel wurden Brennstoff und Metall wie beim Schachtofen schichtweise gefüllt. Der Wind wurde von oben in die Ofenglut geblasen.

Guß entstandenen Nähte und Fehlstellen geeignet sind, um das Werk so gut zu vollenden, daß es gefällt und gut aussieht. Der Gießer muß sich weiter auf das Mauern verstehen, damit er Öfen und Gußrinnen machen kann, wie er sie braucht, denn wenn andere die Arbeit machen sollen, kann er sie ihnen nicht so gut klarmachen."

Biringuccio betrachtet das Gießen entsprechend den damaligen Vorstellungen als Kunsthandwerk und führt weiter aus: "Der Kernpunkt . . . liegt in drei Hauptsachen, nämlich erstens in der guten Anfertigung und richtigen Anordnung der Formen, zweitens im guten Schmelzen und Verflüssigen der Metallmassen und drittens in der zweckentsprechenden Zusammensetzung der Metallsätze."

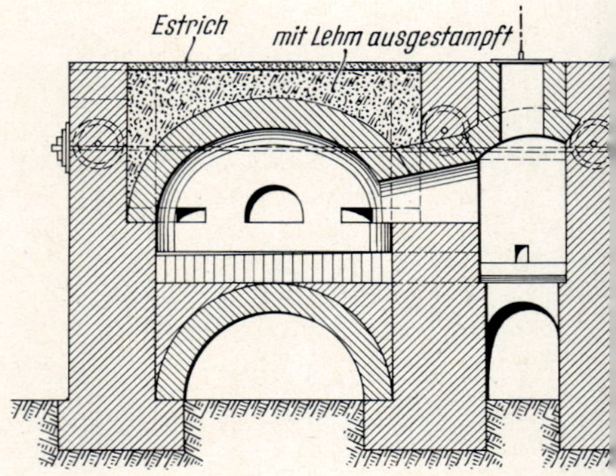

3o Die um 15oo aufkommenden Flam öfen können als die Vorläufer c Siemens-Martin-Öfen angesehen werd Obwohl sie ohne Gebläse mit natürliche Zug arbeiteten, wurden sie als "Wir öfen" bezeichnet. Die Feuerung l tiefer als der runde oder ovale Herd (

Schmelzöfen und Legierungen

Über die am Ende des Mittelalters benutzten Schmelzöfen bestehen nach Angaben von Theophilus (47), Biringuccio (48) und Brunner (49) ziemlich genaue Vorstellungen.

Sehr verbreitet waren die schon im Altertum bekannten Tiegel-Schmelzöfen, denen der Wind durch Blasebälge zugeführt wurde. Eine sehr einfache Form hatte der Korbofen (Bild 29). Das Korbgeflecht oder ein Faß diente als Mantel für das feuerfeste Lehmfutter. Öfen dieser Art hatten eine seitliche Abstichrinne; Brennstoff und Metall wurden wie beim Schachtofen in Schichten eingesetzt. Im Herd sammelte sich das flüssige Metall. Der Wind wurde von oben in die Ofenglut geblasen. Für kleinere Metallmengen wurde in einer Gießpfanne (der Kelle) geschmolzen.

Die um 15oo aufkommenden Flammöfen mit natürlichem Zug (Bild 3o) hatten einen ovalen oder runden Herd. Sie wurden meist für den Guß von Glocken oder Kanonen benutzt. Die Feuerung lag tiefer als der Herd. Wahrscheinlich ist damals auch schon in Schachtöfen geschmolzen worden. Kennzeichnend für die mittel-

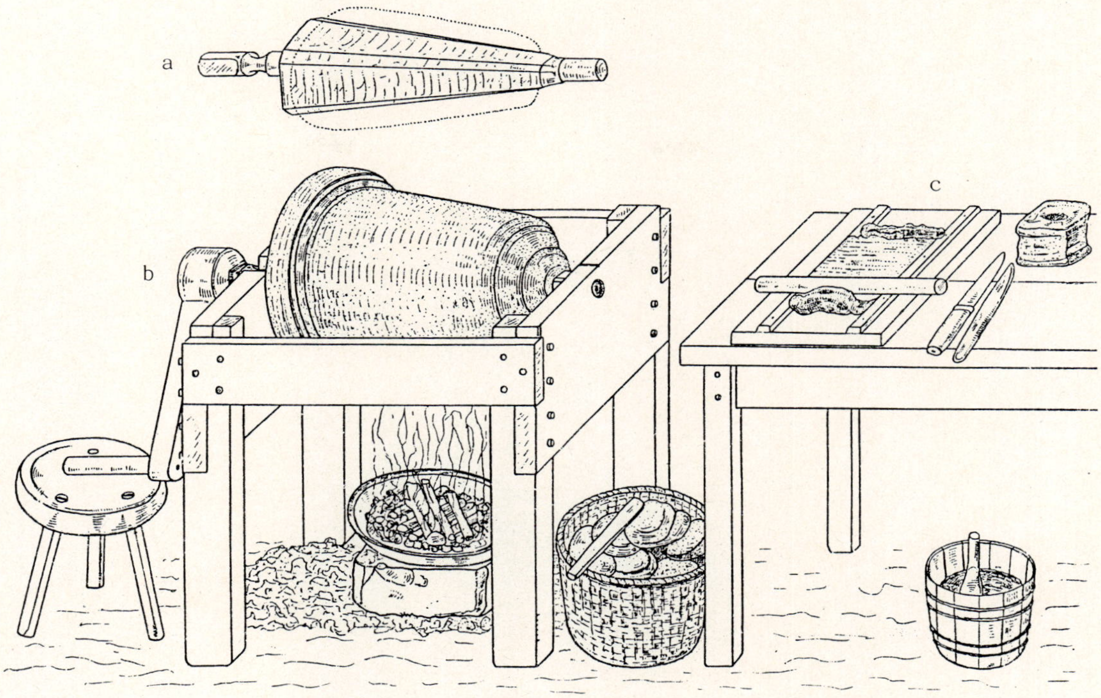

31 Nach Angaben von Theophilus (47) hat H. Drescher am Beispiel der Haithabu-Glocke (siehe Bild 32) den ursprünglichen Formvorgang rekonstruiert: Auf einer hölzernen Drehspindel a wurde in einer Drehlade b ein Lehmkern gedreht und getrocknet. Auf einem Formbrett wurden mit Wellholz Talgplatten hergestellt c, die auf den Lehmkern als eigentliches Modell der Glocke aufgetragen wurden. Nach dem Aufbringen der Außenform, ebenfalls aus Lehm, wurde das Wachsmodell ausgeschmolzen.

alterliche Gießtechnik ist, daß sehr unterschiedliche Legierungen gegossen wurden (Tafel 4). Dabei läßt sich gut der Lauf der Zeiten verfolgen: in schlechten Zeiten wurden die Legierungen billiger, wie übrigens auch bei den römischen Münzen. Beim Bronzeguß wurde der Zinnanteil häufig durch Blei "gestreckt". Im Laufe der Zeit kamen stärker zinkhaltige Legierungen für den Bild- und Gebrauchsguß zur Anwendung.

Zahlreiche Beispiele zeigen auch, wie der Guß von Gegenständen aus Blei- und Zinnlegierungen vordringt. Für bestimmte Verwendungszwecke wurden schon im Mittelalter besondere leichtschmelzende Legierungen gefunden.

a b

Bronzeglocken des Mittelalters

Wie schon berichtet, haben gegossene Glocken als Klangkörper ihren Ursprung in Asien. Lange vor der christlichen Zeit waren sie besonders in China und in Mesopotamien bekannt. Mit der Turmglocke wurden sie später von der christlichen Kirche übernommen. Die ersten Glockengießereien waren im 5. Jh. die Klöster. Etwa vom 8. Jh. an waren Glocken praktisch in ganz Europa verbreitet. In den größer werdenden Städten des 11. bis 13. Jahrhunderts nahmen sich mehr und mehr Laien der Kunst des Glockengusses an. Zunächst gossen umherziehende Meister ihre Glocken jeweils dort, wo sie gebraucht wurden. Im 15. Jh. werden die Glockengießereien seßhaft (5o), (51).

Die Frühformen der Glocken waren recht einfach; Verzierungen und Inschriften folgten erst später. Zunächst wurden die Bronzeglocken nach dem Wachsausschmelzverfahren mit einer freihändig auf waagerechter Drehspindel gefertigten Form hergestellt (Bild 31). Über dem gebrannten Lehmkern brachte man ein Wachshemd und dann den Formmantel (den "Lehmrock") freihändig an. Das Wachs wurde ausgeschmolzen und die Form nachgebrannt. Nachdem die Form mit der Krone nach

32 Die ältesten Beispiele christlic Glocken nördlich der Alpen stamm aus Schleswig-Holstein, so die na jüngsten Funden vom Burgwall in Old burg, Holstein (Klöppel und Wandun stück) rekonstruierte Glocke, wahrsche lich aus dem 9. Jahrhundert a u die 1978 im Hafen der früheren Wik gersiedlung Haithabu bei Schlesv entdeckte Haithabu-Glocke aus Zeit um 95o n. Chr. b. Durchmes 425 mm, Höhe ohne Krone 393 m Die Glockenbronze besteht aus 75 Kupfer, 19 % Zinn und 6 % Blei (5 Schleswig-Holsteinisches Landesmuseu Abt. Wikingerforschung, Schleswig.

33 Einen neueren Bericht über das Glockengießen, der auch auf die Geschichte einer alten Glockengießerfamilie eingeht, verdanken wir Hans-Gerd Rincker: "Rinckers kleine Glockenkunde" (Sinn 1979). 159o erscheint zum ersten Mal der Name eines Meisters Hans Rincker auf einer Glocke. Seine Söhne werden "von der Aßlarer Hütte" bezeichnet, die Ende des 16. Jh. im Besitz der Grafen, später Fürsten zu Solms-Braunfels in hohem Ansehen stand.
Aus der Zeit um den 3ojährigen Krieg sind nur wenige Glocken dieser Familie erhalten, so eine von Matthias Rincker (1614).
Querschnitt einer Glockenform: Innen der Kern, außen die dicke Schicht des Mantels und dazwischen die "falsche Glocke", die der zu gießenden gleicht (H.G. Rincker).

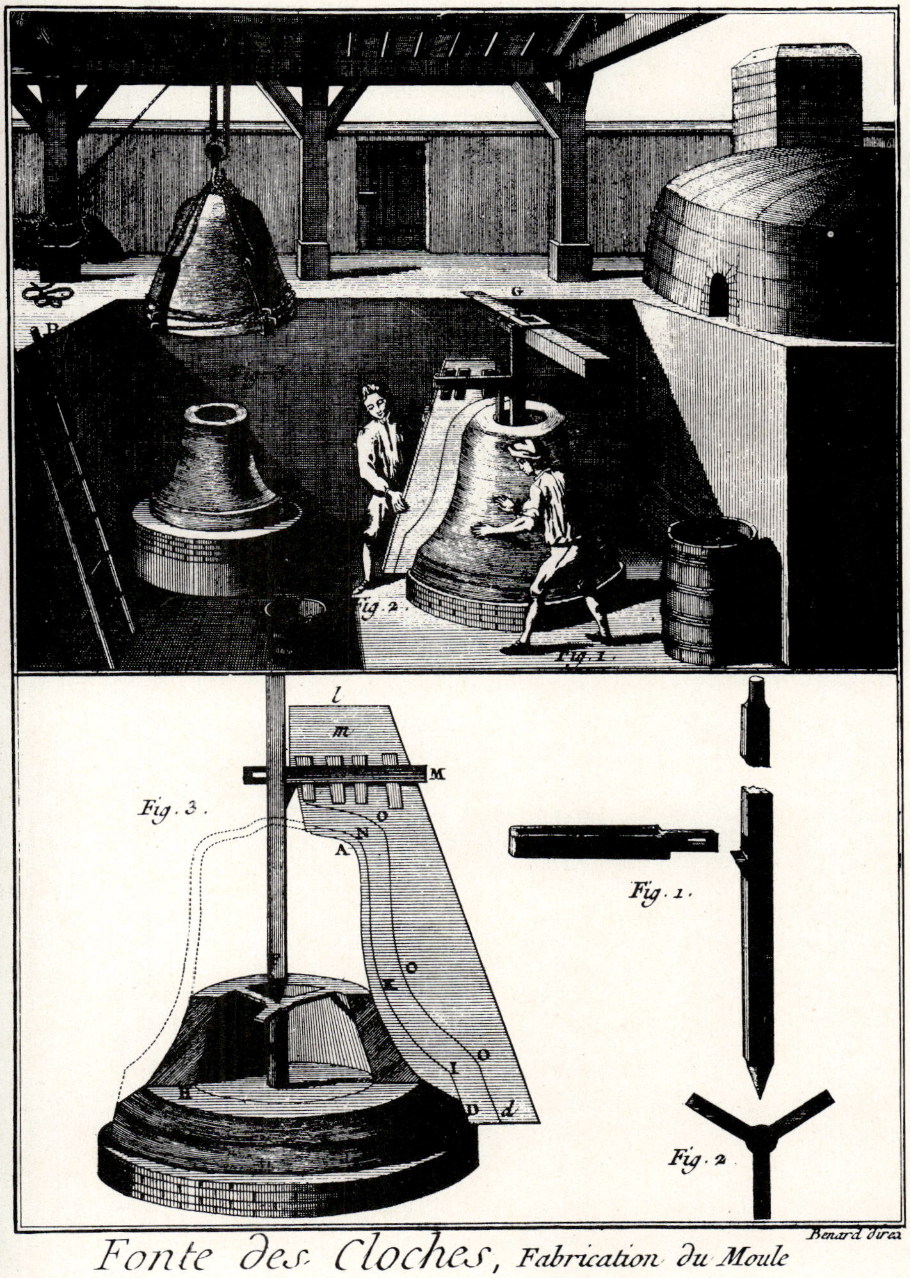

Fonte des Cloches, Fabrication du Moule

34 In der Encyclopédie Methodique beschrieben D. Diderot/J. d'Alembert im Jahre 1766 die Glockenherstellung nach dem Mantelabhebeverfahren (53), wie es im Prinzip auch heute noch angewandt wird.

oben in Erde eingedämmt war, konnte die Bronze in den entstandenen Formhohlraum gegossen werden. Das Formverfahren ist im Jahr 114o ausführlich von dem Mönch Theophilus (vgl. 47) beschrieben worden. Die älteste, nördlich der Alpen erhaltene und nach diesem Verfahren gefertigte Glocke (Bild 32) stammt aus der Wikinger-Siedlung Haithabu (52).

Für die Anfertigung des "Hemdes" war eine Wachsmenge erforderlich, die mindestens einem Zehntel des Glockengewichtes entsprach. Wenn entsprechende Bienenwachsmengen nicht zur Verfügung standen, hat man andere tierische Fette, besonders Talg, benutzt.

Nach 12oo kam für die Glockenherstellung das Mantelabhebeverfahren auf, das bis heute angewandt wird. Mittels Schablonen - seit etwa 15oo für größere Glocken über eine senkrechte Spindel (Drehlade) bewegt - werden die drei Formteile - Kern, "falsche Glocke" ("Hemd") und Mantel ("Rock") - aus gebranntem Lehm hergestellt (Bild 34). Auf den Kern wird zunächst die "falsche Glocke" aufgebracht. Sie ist das naturgetreue Abbild des späteren Abgusses und hat damit die Funktion eines Modells beim konventionellen Formen. Schriften und Verzierungen werden aus Wachs geformt und auf der falschen Glocke (Hemd) befestigt. Dann wird nach Aufgeben einer Trennschicht der Mantel geformt und gebrannt, wobei das Wachs ausschmilzt. Der Mantel wird von der falschen Glocke abgehoben, die dann vom Kern abgeklopft wird. Nach Wiederaufsetzen des Mantels auf den Kern ist die Form geschlossen (53). Eine der größten nach dem Mantelabhebeverfahren hergestellten Glocke ist die berühmte "Zar-Kolokol" mit einem Gewicht von rd. 2oo t im Moskauer Kreml (9). Sie wurde 1734 von I.F. Motorin gegossen.

Daß der Klang der Glocken von der Form, dem Gewicht und dem Werkstoff abhängt, war von Anfang an bekannt. Dem abendländischen Tonempfinden entsprachen am besten Glockenbronzen mit einem Zinngehalt von rd. 2o %. Besondere Bedeutung aber hat die Glockenform. Die Gestaltung der Schablonen (der Rippen) als

Der Glockengiesser.

Ich kan mancherley Glocken gießn/
Auch Bůchsen/ darauß man thut schießn/
Auch Mörser/damit man wůrfft Feuwr
Zu den Feinden / gar vngeheuwr/
Auch Ehrn Häfen auff dreyen beyn/
Auch Ehrin öfen / groß vnd klein/
Auß Glocken Ertz/kůnstlich gegoßn/
Lydus hat diese Kunst außgoßn.

35 Das Frankfurter Ständebuch, 1568 erschienen ist (54), beschr mit einem Text von Hans Sachs einem Holzschnitt von Jost Am auch die Tätigkeit des Glockengieß dessen Sortiment neben Glocken a noch mancherlei andere Teile entł Geschützrohre, dreibeinige Töpfe und gossene Öfen sind ausdrücklich gena

wesentliche Vorarbeit für das Formen und Gießen ist bis heute das große Geheimnis der Glockengießer geblieben, das sich von Generation zu Generation vererbte. So entstanden ganze Glockengießer-Familien.

Der städtische Glockengießer des Mittelalters (Bild 35) fertigte aber nicht nur Glocken, sondern auch viele andere Gußstücke, z.B. Gefäße und Mörser (54).

Der Guß von Kanonen aus Bronze

Die Geschützgießer haben von den Glockengießern gelernt (1), (3), (55). Nach dem mittelalterlichen Ständebuch haben Glockengießer auch Geschützrohre gegossen (54), aber die eigentlichen Spezialisten waren die Büchsenmeister, die sich in der ganzen Schießkunst auskannten: im Gießen von Geschützrohren und Kugeln, in der Herstellung von Pulver und auch in der Ballistik.

Wie bei Glocken, so wurde auch bei Geschützrohren mit Formspindeln, Drehladen und Schablonen gearbeitet (Bild 36). Die Geschützgießerei des ausgehenden Mittelalters, die mit diesen Gerätschaften arbeitete, hat einen recht modern anmutenden Aufbau (Bild 37), der von Diderot in seiner Encyclopédie Methodique 1766 beschrieben wird (53): Zur Ausrüstung gehörten der Flammofen zum Metallschmelzen, die Dämmgrube zum Aufstellen und Abgießen der Form und eine Bohrmaschine zur Innenbearbeitung des Rohres.

Als Gußwerkstoff stand zunächst nur Bronze zur Verfügung. Die Geschützbronze hatte in der Regel eine Zusammensetzung von 88 bis 93 % Kupfer, 7 bis 11 % Zinn und bis zu 2 % Blei (Tafel 4). Die aus der frühen Neuzeit überlieferten Geschützrohre sind wahre Kunstwerke und reich mit Emblemen, Wappen und anderen Ornamenten verziert (Bild 38).

Mit fortschreitender Entwicklung des Eisengusses, die auch zur Verbilligung des Gußeisens führte, versuchte man bald, Geschützrohre auch aus Eisen zu gießen. Der Wettbewerb zwischen Bronze und Eisen als Geschützwerkstoff hat fast ein halbes Jahrhundert gedauert, bis sich um 1900 geschmiedete Stahlrohre durchsetzten.

36 In der Kanonengießerei des Mittelalters wird zum Formen von Geschützrohren zunächst ein Lehmmodell auf einer Spindel schabloniert a. Nach diesem Modell wird die Form hergestellt, in die ein ebenfalls gedrehter Lehmkern für die Innenausbildung des Rohres eingelegt wird b. Beim Gießen steht die Form senkrecht (53).

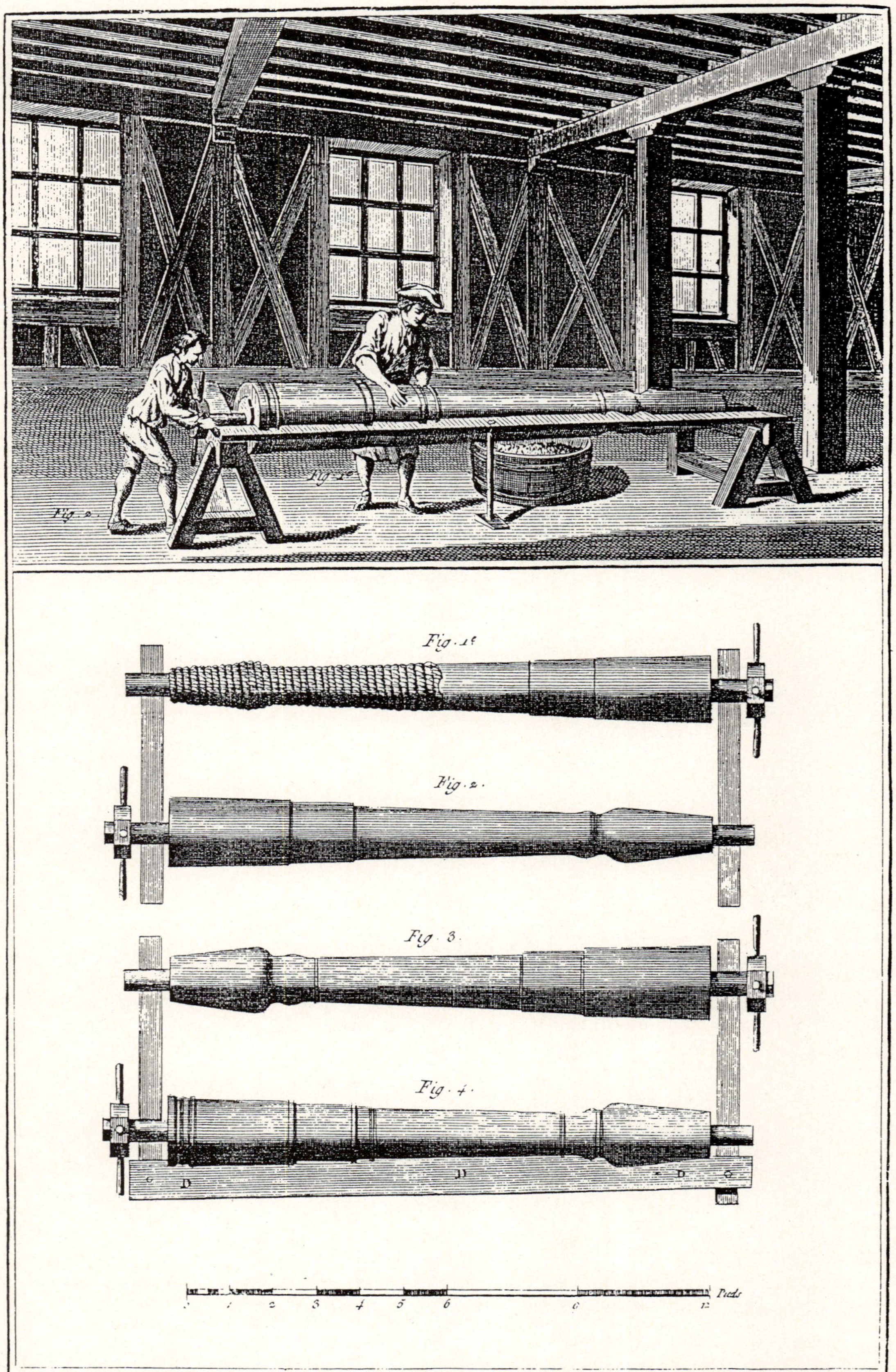

42

a

Goussier del.

Benard Fecit

Fonte des Canons,

l'Opération de Coucher la Terre sur les Nattes et de la former à l'Echantillon.

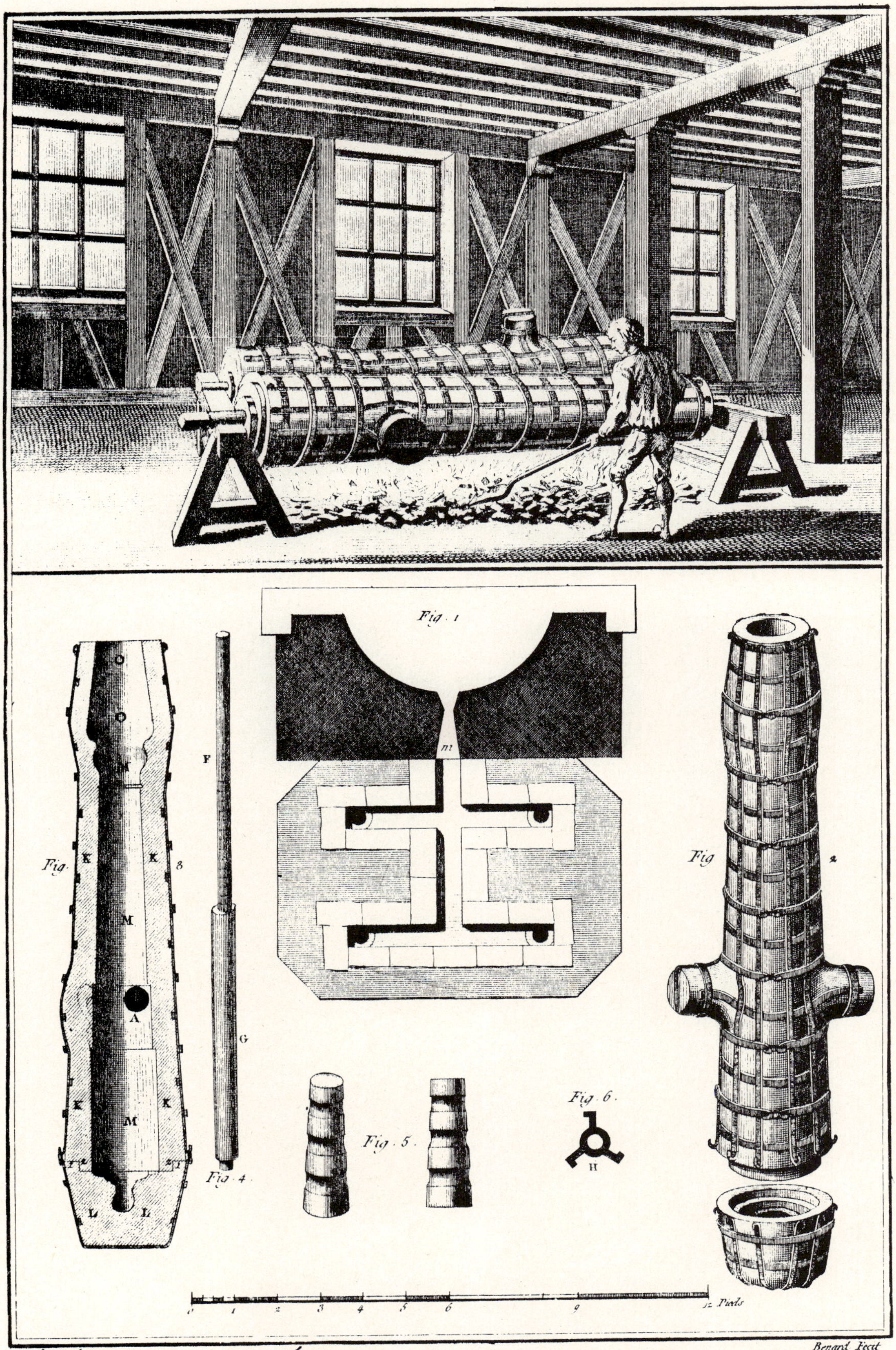

Goussier Del. Benard Fecit

Fonte des Canons,

l'Opération de Secher les Moules, Plan de l'Échéno &c.

b

37 Der Kupferstich einer Kanonengießerei aus dem 18. Jh. zeigt die wichtigsten Einrichtungen: links den Flammofen, in der Mitte die Dämmgrube zum Aufstellen und Gießen der Formen und rechts die Rohr-Bohrmaschine (53).

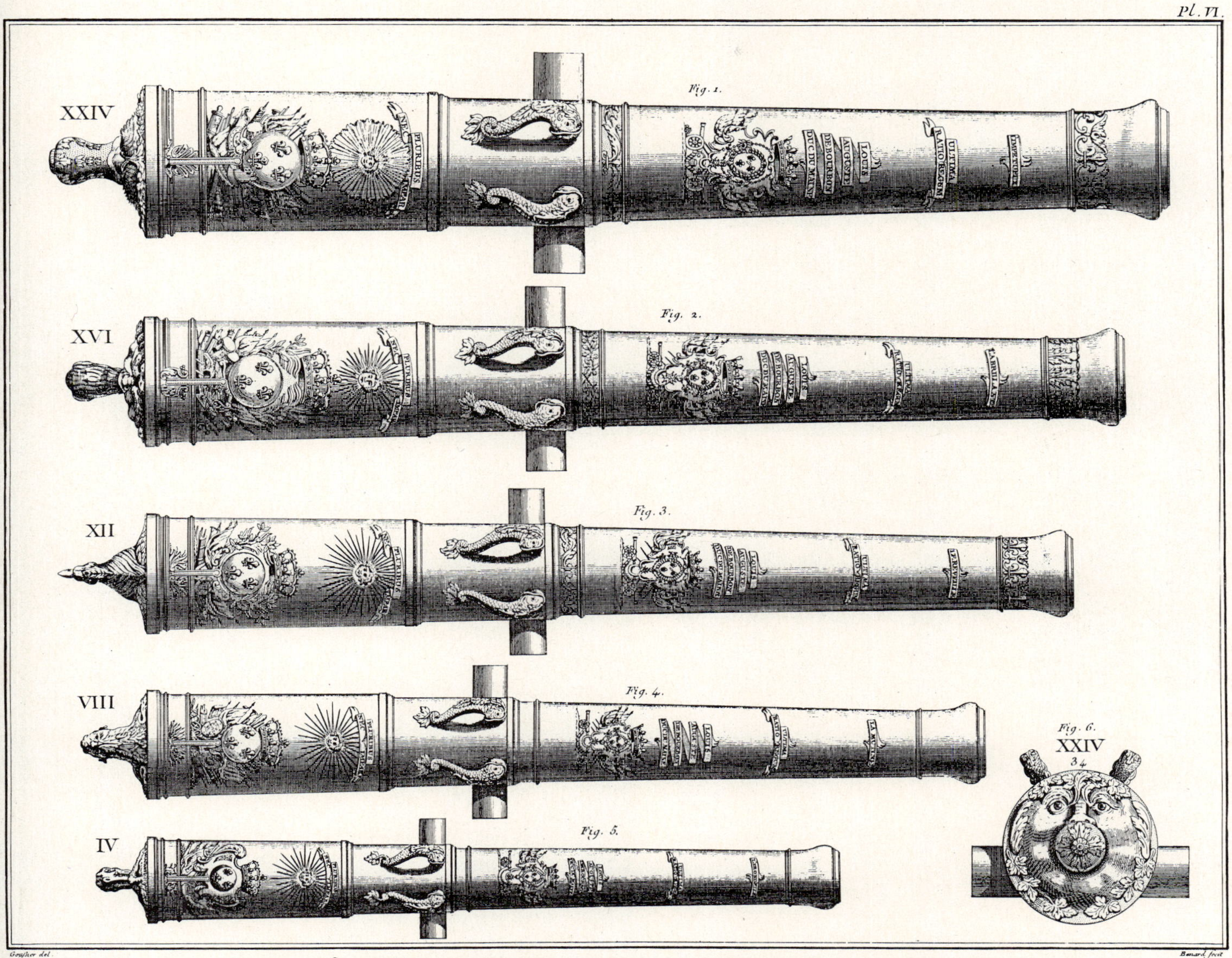

Fonte des Canons, Plans des Pieces des Cinq Calibres de l'Ordonnance.

38 Geschützrohre, Zeugen der Geschichte: mit Wappen und Emblemen reich verziert (53).

a

39 Viele bronzene Taufbecken mit biblischen Motiven zeugen für die hohe Bildhauer- und Gießkunst des Mittelalters, so die im Hildesheimer Dom a (1225) und aus St. Michael in Hildesheim b (1618).

b

4o Funde bronzener Grapen mar
ren deren Verbreitung. Nr. 1 und 2 V
terdingen Krs. Soltau (13. Jh.), Nr. 3 U
gebung Lüneburg, Nr. 4 Bremen, N
Jarsdorf Krs. Rendsburg. Spätere Gra
aus dem 17. und 18. Jh. sind oft
dem Herstellerzeichen versehen (56).

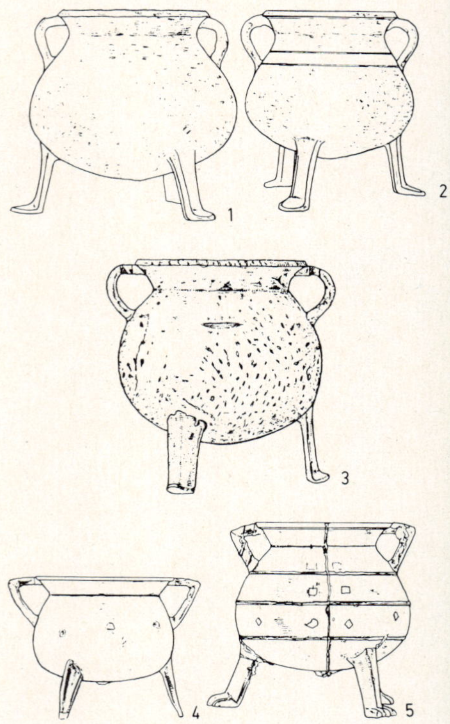

Bronze- und Messinggefäße - Taufgefäße, Grapen, Mörser und Eimer

Von hervorragender künstlerischer und kulturgeschichtlicher Bedeutung sind die zahllosen, oft liebevoll nach der biblischen Geschichte gestalteten Taufgefäße. Ein sehr schönes Beispiel aus dem Jahre 1225 steht im Hildesheimer Dom (Bild 39, Tafel 4). Die Gießtechnik ähnelt der von Glocken: über den Tonkern wurde ein Wachsmodell gestaltet und nach Aufbringen der Form ausgeschmolzen. Nur so konnten die feinen Figuren mit ihren zahlreichen Hinterschneidungen dargestellt werden. Eingußreste zeigen, daß die Gefäße mit dem Boden nach oben gegossen wurden. Die Füße sind meist nachträglich angesetzt worden.

Ein anderes klassisches Beispiel für die Gießereigeschichte sind die sogenannten Grapen: dreibeinige, kugelförmige Töpfe (Bild 4o), die vom 12. bis 19. Jahrhundert im ländlichen und städtischen Haushalt zum Kochen, aber auch als Vorratsbehälter für allerlei Nahrungsmittel benutzt wurden (56). In vielen Größen bis 5o l Inhalt ersetzten sie die früheren zerbrechlichen Tongefäße. Die Ähnlichkeit mit über 3ooo Jahre alten chinesischen Gefäßen (Bild 7) ist erstaunlich. Grapen wurden über einen freihändig gestalteten Lehmkern mit dem Boden nach oben gegossen. Nur anfangs hat man Wachsmodelle benutzt. An späteren Grapen zeigen Gußnähte, meist zwischen den Henkeln, daß die äußere Lehmform geteilt wurde, um das Tonmodell zu entnehmen. Ähnlich wurden auch die späteren gußeisernen Grapen hergestellt, auf die schon hier hingewiesen sei (vgl. Teil 5). Wenn die meisten Grapen auch nur bescheiden dekoriert sind, so ist für den Historiker doch das oft eingegossene Gießerzeichen, gelegentlich mit Jahreszahl, in Verbindung mit dem Fundort von großem Interesse. War es Unwissen oder Bedenkenlosigkeit: bei den Kupfer-Zinn-Bronzen für Grapen nahm man oft einen hohen und sicher gesundheitsschädlichen Bleianteil in Kauf (Tafel 4).

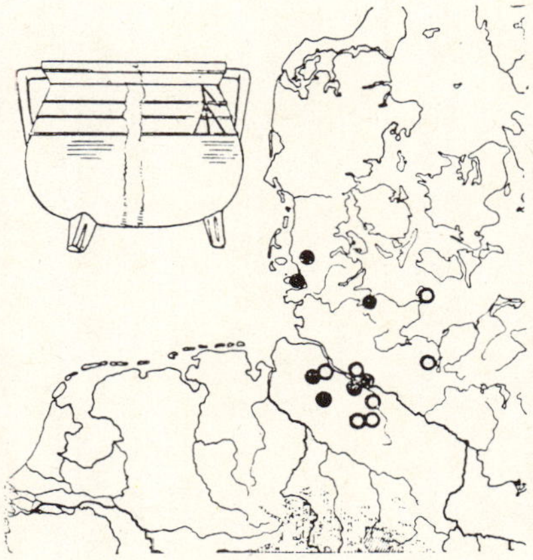

eingegossene Marke, 17. Jh.

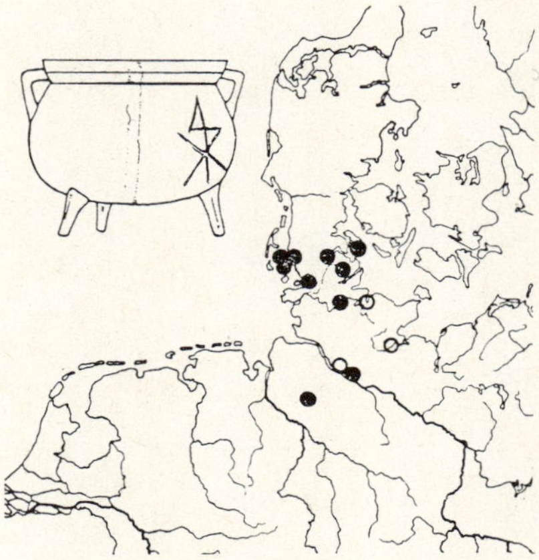

eingegossene Marke, 17./18. Jh.

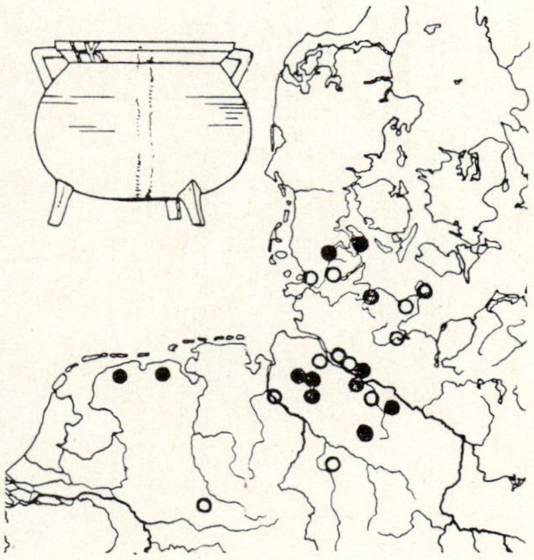

HK-Marke, 17./18. Jh.

42 Bronzene Mörser folgen dem Stil der Zeit: Renaissance-Mörser um 16oo, Sammlung Hömberg, Oberhausen (57).

43 Einfache Haushaltsgeräte wurden in geteilten Sandformen gegossen: gotischer Wassereimer aus dem Rheinland um 13oo. Oberer Durchmesser 18o mm. Schnüttgen-Museum, Köln.

44 Die nach einer Sage benannten "Wolfstüren" am Hauptportal des Aachener Doms sind die ersten mittelalterlichen Bronzegußtüren aus der Gießhütte Karls des Großen und lassen römischen Einfluß erkennen (4,3 t; 3,95 x 2,75 m). Die nach dem Wachsausschmelzverfahren gegossenen Löwenkopf-Türzieher sind nachträglich aufgesetzt (58), (59).

45 Auch die Emporengitter des Aachener Doms stammen aus der Gießhütte Karls des Großen.

46 In der Vorhalle des Aachener Doms ist eine bemerkenswerte Bronzeplastik aufgestellt, die römische Bärin, auch sogenannte "Wölfin", aus der Zeit um 15o bis 2oo n. Chr., deren möglicherweise hellenistischer Ursprung unbekannt ist.

Gegossene Mörser werden seit dem 15. Jh. in Apotheken und Haushalten zum Pulverisieren benutzt (57). Mit reichem Dekor versehen, dienten sie auch als Ziergefäße und Statussymbol (Bild 42). Die Ornamente und bildlichen Darstellungen wechselten mit den Kunstrichtungen. Die Mörser wurden in der Regel nach dem Wachsausschmelzverfahren gegossen, in Einzelfällen aber auch nach dem Mantelabhebeformverfahren mit Tonmodell. Neben oft bleihaltiger Bronze kam auch Rotguß, eine Kupfer-Zinn-Zink-Legierung, als Gießmetall zur Anwendung (Tafel 4). Schon früh werden Mörser auch aus Gußeisen hergestellt.

Weit verbreitet waren im Mittelalter Eimer aus Kupfergußlegierungen. Die Formtechnik der einfacheren Grapen kehrt hier wieder: Modell und Innenform werden mit einer Drehlade aus Lehm gemacht; die Außenform ist in der Regel geteilt, und der Teilungsgrad ist oft schlecht verputzt (Bild 43). Die meisten Eimer bestehen aus Messing, während Vorbilder der Römerzeit aus einer Kupfer-Zinn-Legierung hergestellt sind.

Mittelalterliche Bronzefiguren

Wie in der gesamten darstellenden Kunst, so ist auch beim Bildguß die Motivwahl im Mittelalter stark religiös geprägt. Zu den frühen kirchlichen Gußstücken gehören neben den Taufbecken die Domtüren. Die erste Bronzetür des Mittelalters erinnert an römische Vorbilder: die nach den Urkunden in der Gießhütte Karls des Großen hergestellte Wolfstür (58) am Hauptportal des Doms zu Aachen (Bild 44). Ihre beiden Flügel sind in einem Stück im Herd, d.h. in einer offenen Form, gegossen. Im Widerspruch zu ihrem Namen, der auf eine Sage zurückgeht, stellen die nach Wachsmodellen gegossenen Türzieher, die nachträglich aufgesetzt sind, Löwenköpfe dar (59).

47 Die Türen und die Christussäule des Hildesheimer Doms mit ihren biblischen Darstellungen stammen von der im Krieg zerstörten Klosterkirche St Michael, die Bischof Bernward erbaute. Die Torflügel (2 t; 4,72 x 1,o2 m) wurden 1o15, die Christussäule (3,79 m hoch, o,58 m Dmr.) wurde 1o2o als Hohlguß in 3 Teilen gegossen (6o).

b

)ie Bronzetür a im südlichen Seiten-
 des Augsburger Doms wird auf
 datiert. Sie zeigt die groteske
: eines menschlichen Gesichtes
ärzieher b.
 zweite Darstellung an der Augsbur-
)omtür c gilt dem Schlangenwunder:
 Stab, auf die Erde geworfen,
sich in eine Schlange verwandelt.
Moses sie packt, wird sie wieder
Stab. Das alttestamentliche Gleichnis
 auf die Menschwerdung und das
ingswerk Christi bezogen.

c

a

50 Gastmahl des Herodes und der Salome in der akrobatischen einer Gauklerin; Betroffenheit in Gesichtern, als das Haupt von Jo gebracht und weitergetragen wird 1138).

49 San Zeno Maggiore ist neben dem Amphitheater das berühmteste Bauwerk Veronas. Die zweiflügelige Tür am Westportal enthält auf jedem Flügel 24 gegossene Bronzeplatten, die teilweise vor 1138 (älterer Stil), teilweise um 1138 (jüngerer Stil) entstanden sind (59).

51 Exorzismus: Austreibung des Teufels, der aus dem Mund der Prinzessin entweicht, durch den Heiligen Zeno (um 1138).

52 Moses richtet auf Geheiß G der über der Szene schwebt, in Wüste eine eherne Schlange auf: Ze der Rettung für die als Strafe C von feurigen Schlangen angefal Kinder Israels (links) auf der F aus Ägypten (4. Moses 21, 4-9) um 1

53 Dem Dom gegenüber liegt in Florenz das Baptisterium San Giovanni, dessen weltberühmte östliche, zum Dom zeigende Tür von Michelangelo als "Paradiespforte" bezeichnet wurde. Der Künstler und Gießer Lorenzo Ghiberti (1425 bis 1452) verwendete für den Guß nach dem Wachsausschmelzverfahren eine wegen ihres hohen Schmelzpunktes eher ungünstige Legierung, die er aus Brügge in Flandern bezogen hat (Cu 93,7 %; Sn 2,2 %; Zn 1,8 %; Pb 1,3 %).
Eine der 1o Kassetten stellt die Eroberung Jerichos nach dem Bericht des Propheten Josuah dar.

54 Bedeutenstes bis dahin in Deutschland geschaffenes Kaiserbild ist das Bildnis Kaiser Friederichs I Barbarossa in Cappenberg aus dem Jahre 1156, wahrscheinlich eine lothringische Arbeit. Der Kopf ist aus Rotguß mit dem Hals in einem Stück hohl und sehr dünn (3 bis 4 mm) gegossen, zum Teil poliert und ganz vergoldet. Die Augäpfel bestehen aus Silber. Barbarossa schenkte das Bildnis seinem Taufpaten Otto von Cappenberg (Höhe mit Sockel 31,4 cm) (Aachener Kunstblätter 1973).

55 Der Braunschweiger Löwe auf dem dortigen Burgplatz entstand 1166 nach dem Wachsausschmelzverfahren (61).

Benvenuto Cellini hat 154o in Florenz
Bronzefigur "Perseus und Medusa",
in der Loggia della Signoria steht,
ıltet und gegossen und hierüber genau
:htet (62).

Im Vergleich zur klassisch-schlichten Aachener Domtür sind die Türen des Hildesheimer Doms (6o) mit Darstellungen des Sündenfalls und der Erlösung das reine Bilderbuch (Bild 47), ebenso wie die eherne Säule, die auf einem nach römischem Muster spiralig umlaufenden Relief Evangelienszenen darstellt. Die 5 m hohen Türflügel und die Säule gehörten ursprünglich zu der im Krieg zerstörten Klosterkirche St. Michael, die 1o1o bis 1o33 von Bernward, Bischof von Hildesheim, geschaffen wurde. Auch für diese Reliefs aus einer Kupfer-Blei-Zinn-Zink-Legierung (Tafel 4) fand das Wachsausschmelzverfahren Anwendung.

Die erste gegossene monumentale Freifigur des Mittelalters nördlich der Alpen ist der Braunschweiger Burglöwe (Bild 55). Der Welfe Heinrich der Löwe stellte das vergoldete Monument, Wahrzeichen seiner Würde und Gerichtsbarkeit, vor seiner Burg auf, die er nach Art der kaiserlichen Pfalzen umbaute. Die Plastik ist nach dem Wachsausschmelzverfahren in Teilen über Tonkerne gegossen worden (61).

Aus Italien liegen uns von dem "Feuerwerker" Biringuccio (48) und dem florentinischen Bildhauer Benvenuto Cellini (62), dem Schöpfer des Perseus (Bild 56), aus der Zeit um 155o ausgezeichnete Darlegungen über die besondere Form des Wachsausschmelzverfahrens vor, das schon in der Antike angewandt wurde: von dem eigentlichen Modell, das erhalten blieb, wurden zunächst Negativformen aus Einzelteilen angefertigt. Mit Hilfe dieser Negativformen wurde dann das Wachsmodell hergestellt (vgl. Bild 8 b). Bei einem häufig nicht zu vermeidenden Fehlguß konnten also mit Hilfe des ursprünglichen Modells immer Nachgüsse angefertigt werden (63), (64).

Mit dem Grab des Nürnberger Schutzpatrons Sebaldus (Bild 57) (65) und dem Reiterstandbild des in Düsseldorf residierenden Kurfürsten Johann Wilhelm, Herzog von Jülich und Berg (Bild 58) (66), seien einige bedeutende deutsche Bildgüsse aus der frühen Neuzeit vorgestellt. Bei beiden Plastiken wurde eine stärker zinkhaltige Kupferlegierung als Werkstoff benutzt (siehe Tafel 4).

57 Unter Peter Vischer d.Ä. entwickelte sich die von seinem Vater in Nürnberg begründete Gießhütte zur bedeutensten in Deutschland. Das Sebaldusgrab in der St. Sebaldus Kirche in Nürnberg führte er seit 1508 nach einem schon 1488 angefertigten Entwurf aus. Das 4 m hohe Gehäuse des Reliquienschreins besteht aus 8 Bündelpfeilern, vor denen die 12 Apostel stehen, und einem Baldachin mit 3 Kuppeln. Der Unterbau ist mit Reliefs aus der Legende des Heiligen Sebaldus geschmückt, und am Sockel stellt sich der Meister selbst dar. 1519 wurde die Arbeit, ein Messingguß, die 1512 bis 1514 unterbrochen worden war, von seinen Söhnen vollendet (65).

58 Den Messingguß des von dem niederländischen Meister Gabriel Grupello geschaffenen Jan-Wellem-Denkmals vor dem Düsseldorfer Rathaus, der 1711 entstanden ist, soll der Legende nach ein Gießerjunge gerettet haben: eilig eingesammelter Bronzeschmuck ergänzte fehlendes Metall. Grupello errichtete dem Gießerjungen ein Denkmal auf dem First seines Hauses am Marktplatz (66), (67).

59 Alter Stich des Düsseldorfer Marktplatzes. Im Hintergrund links das Grupellohaus.

60 Der Gießerjunge auf dem Grupellohaus.

Tafel 4. Beispiele für die chemische Zusammensetzung von historischen Teilen aus Kupfergußwerkstoffen

Datierung	Standort Herkunft	Cu	Sn	Pb	Zn	Fe	Ni	Ag	Sb	As
					Geschützrohre (18)					
1537	Wien	91,50	4,50	0,40	-	0,07	0,48	0,35	2,10	
1632	Venedig	91,00	5,60	0,90	0,22	0,03	0,10	0,15	0,30	
1685	Breisach	88,50	9,20	0,80	0,52	0,01	0,20	0,09	0,23	
1721	Nürnberg	90,50	6,80	0,90	0,37	0,06	0,59	0,16	0,37	
1793	Preußen	90,00	6,30	1,10	0,43	0,28	0,25	0,10	0,36	
					Glocken (18)					
8. Jh.		75,33	17,37	6,56	0,09	0,35	0,02	0,09	0,14	0,05
1491		72,08	25,49	0,75	0,01	0,12	0,19	0,09	0,70	0,58
1494		73,80	22,17	2,32	0,08	0,07	0,17	0,12	0,89	0,38
1590		70,53	23,20	3,98	0,13	0,13	0,87	0,21	0,58	0,37
1746		72,35	21,86	1,65	3,20	0,43	0,23	0,11	0,09	0,08
					Apothekenmörser (18)					
16. Jh.	Italien	89,51	8,27	0,74	0,08	0,03	0,28	0,16	0,62	0,31
17. Jh.	Niederlande	81,65	4,57	8,46	2,29	0,14	0,55	0,20	1,53	1,21
15. Jh.	Bayern	60,68	2,35	34,91	0,04	0,36	0,31	0,05	0,94	0,36
15. Jh.	Süddeutschld.	78,98	2,95	4,46	11,92	0,40	0,31	0,21	0,30	0,47
15. Jh.	Niederrhein	75,57	0,60	3,72	18,81	0,59	0,33	0,10	0,06	0,22
					Grapen (56)					
	Walterdingen	75,1	19,98	4,15						
	Jarsdorf	71,64	20,97	6,67						
	Brackel	75,3	13,47	8,18					1,40	
	Bremen	77,83	3,15	13,98						
	Varel	65,71	12,33	20,55						
					Figürliche Güsse					
1166	Löwe Braunschweig	81,0	6,5	2,5	10,0					
1225	Domtaufe Hildesheim	81,5	3,3	1,3	12,5					
1703	Großer Kurfürst Berlin	88,6		4,3	6,0					
1711	Jan-Wellem-D. Düsseldorf	72,0	3,0		25,0					

Das Gießen einer Statue war früher ein öffentliches Ereignis. Vom Guß des Jan-Wellem ist eine Legende überliefert: "Der Guß des Denkmals war bereits einmal mißglückt, weil das Metall nicht ausgereicht hatte. Man zweifelte sehr, ob der zweite Versuch gelingen würde. Die Bronze war schon geschmolzen, als der Lehrling merkte, daß das Metall wiederum nicht ausreichte. Er begann, bei den vielen Zuschauern Metall zu sammeln - sogar Ringe und andere Schmuckstücke der Damen auf der Ehrentribüne waren darunter - und warf es in den Schmelzkessel. Der Zorn des Meisters Grupello traf den Jungen arg, weil er den Guß nun verdorben wähnte. Als die Form geöffnet wurde, kam aber zu aller Überraschung ein vortreffliches Werk zum Vorschein, und so mußte der Meister eingestehen, daß es ohne des Jungen Zutun abermals mißlungen wäre. Zum Angedenken bildete Grupello den Lehrling in Bronze ab, wie er die Gaben in seine Schürze sammelte..." (67).

Bronzen aus Nigeria

Erst im 19. Jh. sind die hervorragenden Beispiele afrikanischer Gießkunst allmählich in Europa bekannt geworden. Besonders auf dem Gebiet des heutigen Nigeria wurden etwa seit dem 9. Jh. Bildgüsse von beeindruckender Schönheit aus Bronze und Messing hergestellt (68). Auch hier war das Wachsausschmelzverfahren bekannt. Die Maske, die den Oni Obalufon aus Ife darstellen soll (Bild 61), ist zwischen dem 12. und 15. Jh. entstanden. Bemerkenswert ist die Verwendung von reinem Kupfer, das ohne andere Metallzusätze vor dem Gießen aufgenommene Gase bei der Erstarrung ausscheidet und deshalb blasig wird. Man nimmt an, daß die afrikanischen Gießer den Ofen fest mit der Gießform verbunden haben und daß man so eine Oxidation des Kupfers beim Gießen vermied. Der Oni Obalufon soll die Kunst des Bronzegusses in Ife eingeführt haben.

61 Herrliche Kupfer-, Bronze- Messinggüsse entstanden zwischen d 9. und 16. Jh. in Altnigeria. Der Obalufon, dessen Kupfermaske Bohrun für Bart- und Haupthaar und Sehschli hat, soll die Kunst des Bronzegus in Ife eingeführt haben (68).

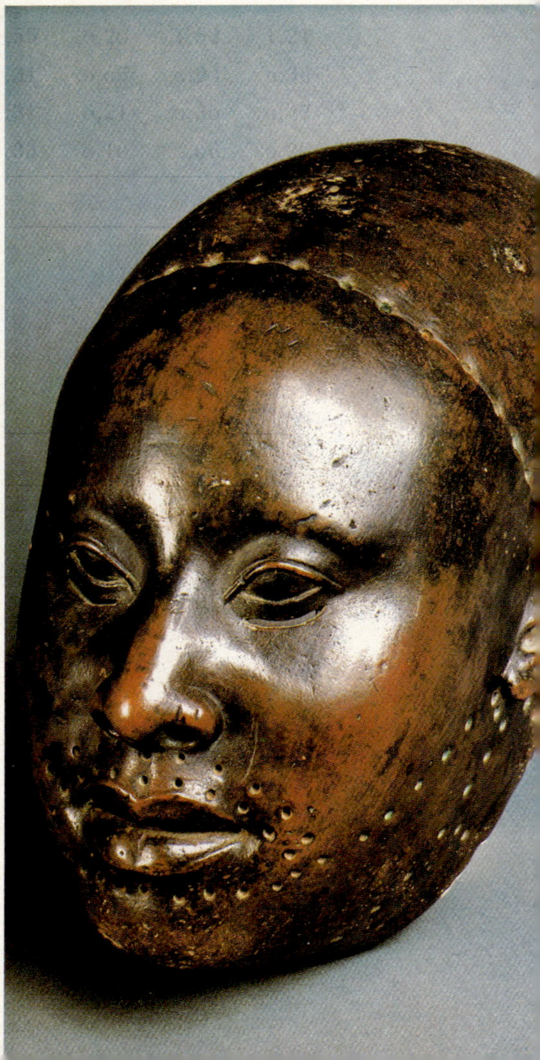

62 Einer der berühmtesten Bronzegüsse aus Benin ist der Kopf der Königinmutter Idia aus dem frühen 16. Jh.. Benin, im 12. Jh. gegründeter Stadtstaat und Hauptstadt der edosprachigen Sudan-Bevölkerung, erlebte um die Mitte des 17. Jh. seine kulturelle und künstlerische Blüte (68).

63 Benin-Bronzekrug aus dem 17. Jh. mit Henkeln in Form von Schlangen, die Menschen im Maul tragen. Ein Schneckenhaus, eine Schildkröte und ein Trommler sind weitere Darstellungen (68).

64 Zunftgefäße aus Zinn sind weit verbreitet. Die Schleifkanne der Bäcker zu Schweidnitz ist ein schwach konisches, reich verziertes und beschriftetes Gefäß mit drei Bockfüßen aus dem Jahr 1498. Höhe 48,7 cm. Zinngußsammlung des Kunstgewerbemuseums Köln.

65 Eine Gießform für Zinnlöffel vom Ende des 18. Jh. besteht aus Messing. Länge etwa 22o mm. Kunstmuseum der Stadt Düsseldorf.

Gold in Altamerika

In Amerika wurden die ältesten Goldschmiedeteile aus der Zeit um 800 v. Chr. im heutigen Bereich Peru-Bolivien gefunden. Mexiko folgte erst viel später, ab 1000 n. Chr. Die Kunst des Goldgießens ist für Amerika sehr wahrscheinlich Mitte des ersten Jahrtausends n. Chr. in Kolumbien erfunden worden, und zwar sowohl nach dem Wachsausschmelzverfahren als auch in Kastenformen. Später wird diese Technik auch in den Gebieten Costa Rica, Panama und Mexiko beobachtet. Gegossen werden fast ausschließlich Schmuck- und Kultgegenstände, und neben Gold finden wegen leichterer Schmelzbarkeit und größerer Härte auch Gold-Kupfer-Legierungen (Tumbaga) Verwendung.

Zinn-, Blei- und Zinkguß

Auf die Verwendung von Zinn als Legierungsmittel für Kupfer ist im Zusammenhang mit der Entwicklung und Verwendung von Bronze hingewiesen worden. Als leichtschmelzendes Metall ist Zinn bereits im Altertum gegossen worden, jedoch kam wegen der begrenzten Verfügbarkeit keine Herstellung im größeren Umfang in Frage. Erst als man im Mittelalter weitere Zinnlagerstätten entdeckte, konnte man Zinngußstücke häufiger herstellen.

Seit dem 13. Jh. waren die Zinngießer in vielen Städten, organisiert in Zünften, ansässig. Gefertigt wurden besonders Küchengeräte wie Kannen, Teller und Löffel, aber auch Altar- und Zunftgeräte (Bild 64) sowie Sargbeschläge. Die Zusammensetzung der Legierungen wurde durch Zunftverordnungen festgelegt. Ein vergleichsweise geringer Bleigehalt war zur Verbesserung der Gießeigenschaften erwünscht. Der Zinnguß sollte aber nicht durch zu hohe Bleianteile von z.B. mehr als 15 % in Verruf gebracht werden. Schon damals war bekannt, daß ein hoher Bleigehalt für Küchengeräte nicht vertretbar war. Massenteile aus Zinn- und Bleiguß wurden meist (69) in Dauerformen aus Stein, Gips oder Metall (Bild 65) gegossen. Zinngefäße wurden mit Hilfe von Drehladen mit Lehm eingeformt. Schon Theophilus (47) beschreibt deren Herstellung. Als im 18. Jh. Porzellan und Steingut aufkamen, ging die Blütezeit des Zinngusses für Geschirr zu Ende, da die keramischen Erzeugnisse billiger waren.

Vom späten Mittelalter an kamen Zinnfiguren (z.B. Soldaten) auf, die auch heute noch bei Sammlern beliebt sind. Diese Figuren werden von alters her in geteilten Schiefer- oder Messingformen gegossen; die Legierung besteht meist aus zwei Teilen Zinn und einem Teil Blei (70).

Von großer kultur- und technikgeschichtlicher Bedeutung ist die Nutzung leichtschmelzender Bleilegierungen für den Letternguß, die auf Johannes Gutenberg um 1397 bis 1468 zurückgeht (vgl. 7). Mit der Erfindung des "Bleisatzes", der trotz des Vordringens der Lichtsatzverfahren auch heute noch Bedeutung hat, wurde am Ende des Mittelalters der Bruchdruck möglich; das Zeitalter der Massenmedien begann! Eine schon damals benutzte Legierung hatte Zusätze von 15 % Zinn und 2 % Wismut. Der Letternguß (Bild 66) in Kupfermatrizen mit eingeschlagenen Buchstaben gehört zu den alten Seriengießverfahren. Übrigens waren Lettern die ersten Gußteile, die unter Druck gegossen wurden. Schon im 18. Jh. werden Kolbenpumpen für das flüssige Blei beim Letternguß erwähnt.

Seit etwa 1700 n. Chr. ist Blei für größere figürliche Güsse benutzt worden, z.B. im Park von Versailles (vgl. 7).

Die Verwendung von Zinklegierungen als Gießmetall kam erst zu Beginn des 19. Jh. auf, als Zink auch in Europa hergestellt werden konnte. Im ersten Teil wurde schon darauf hingewiesen, daß Messing als Kupfer-Zink-Legierung schon im Altertum nach dem Galmeiverfahren hergestellt wurde, ohne daß das Zink als reines Metall bekannt war.

Der Schrifftgiesser.

Ich geuß die Schrifft zu der Druckrey
Gemacht auß Wißmat/Zin vnd Bley/
Die kan ich auch gerecht justiern/
Die Buchstaben zusammn ordniern
Lateinisch vnd Teutscher Geschrifft
Was auch die Griechisch Sprach antrifft
Mit Versalen/Puncten vnd Zügn
Daß sie zu der Truckrey sich fügen.

66 Das Frankfurter Ständebuch schreibt 1568 mit einem Holzschnitt Jost Amman und einem Text von H Sachs auch den Beruf des Schrift ßers (54).

3. FRÜHER EISENGUSS IN CHINA

Die Chinesen beherrschten das Schmelzen von Eisen seit 5oo v. Chr., also - wie noch zu zeigen - fast 2ooo Jahre früher als die Europäer, wahrscheinlich, weil sie eher als diese über starke Gebläse für Verhüttungs- und Schmelzöfen und über geeignete hochfeuerfeste Stoffe verfügten. Neue Ausgrabungen haben gezeigt, daß nach dem Aufkommen des Eisengusses eine Massenerzeugung von gegossenen Werkzeugen und besonders Ackergeräten gelang. Die Ackergeräte wurden wärmebehandelt (getempert) und hatten sicher erhebliche Bedeutung für die Verbesserung der Landwirtschaft in der Han-Zeit, d.h. um die Zeitenwende. Nachgewiesen ist auch die frühe Verwendung und Herstellung von gußeisernen Dauerformen (Kokillen) (71).

Zur Technologieentwicklung

Die Eisenzeit begann in China wahrscheinlich wesentlich später als in Europa, aber Gußeisen war viel früher bekannt (1), (6), (26). Nach Ansicht vieler Fachleute wurde in China Eisen zum ersten Male erwähnt, als im Jahre 512 v. Chr. gußeiserne Kessel mit dem eingegossenen Text der Strafgesetze hergestellt werden sollten. Im Abendland stammen die frühesten gußeisernen Funde dagegen erst aus der Zeit um 14oo n. Chr. Eisen war als Gebrauchsmetall zwar schon seit etwa 2ooo v. Chr. bekannt, man konnte es jedoch nicht flüssig herstellen, sondern nur als kohlenstoffarme teigige Luppen, die durch Schmieden zu Schmuck, Waffen und Gerät weiterzuverarbeiten waren. In China dagegen bedeutet der alte Ausdruck für Eisen, "chu", gleichzeitig "gegossen", was auf die ursprüngliche Verarbeitung durch Gießen hinweist.

In fast allen Kulturkreisen begann das Schmelzen von Gold und Kupfer schon 5ooo v. Chr. Für das Schmel-

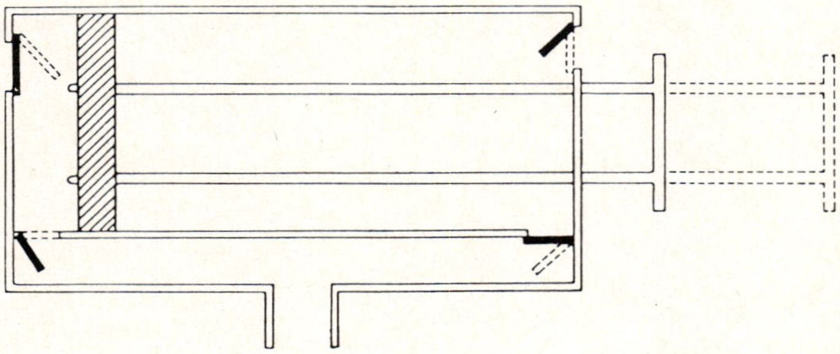

67 Doppelt wirkende Kastengebläse mit Rückschlagventilen, die einen ununterbrochenen, starken Luftstrom erzeugten: wichtigste Voraussetzung für das Erreichen hoher Temperaturen und damit für das Schmelzen von Eisen, das in China schon um 5oo v. Chr. begann (26).

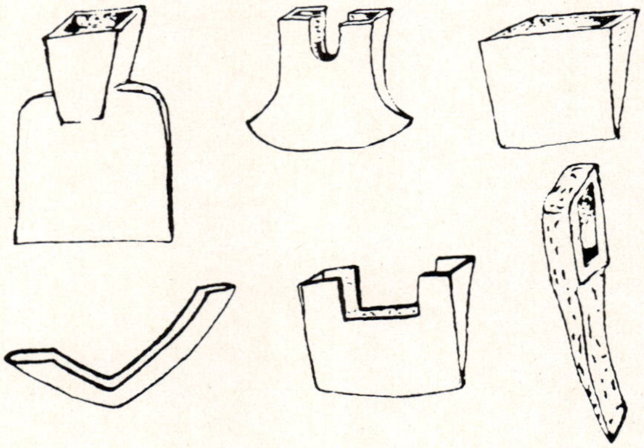

68 Eine regelrechte industrielle Temperguß-Serienproduktion gab es in China schon im 4. Jh. v. Chr. Die Skizzen aus dem Imperial Palace Museum, Peking zeigen in Massen gefundene Ackergeräte aus getempertem Gußeisen (72).

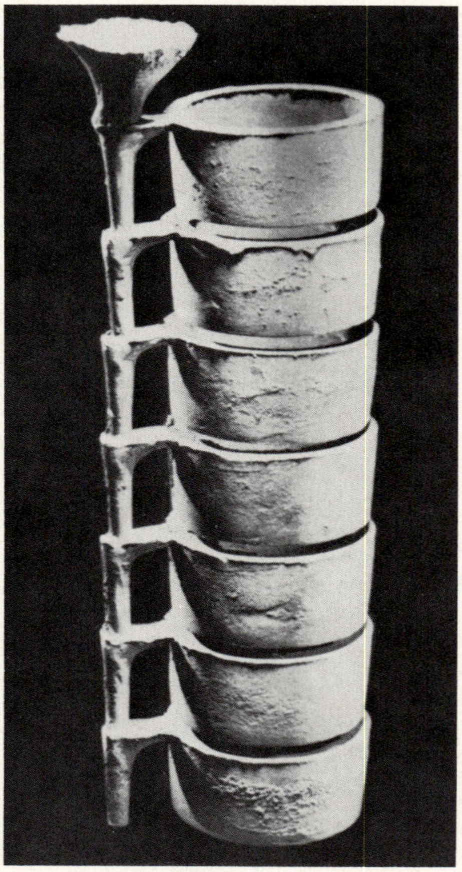

69 Schon vor 2ooo Jahren war der Stapelguß in China bekannt. Gußeiserne Achsbüchsen wurden mit übereinander gestapelten Tonformen, die man in der Ausgrabungsstätte von Wengxian fand, gegossen (75).

7o Der Technik-Geschichtler J. Needham beschreibt eine gußeiserne Dauerform (Kokille) aus China, in der im 4. Jh. v. Chr. Teile aus Gußeisen und Bronze hergestellt worden sind (72).

zen dieser Werkstoffe sind Temperaturen um 1100°C, für das von Eisen mit entsprechender Aufkohlung dagegen um 1400°C erforderlich. Die Chinesen waren eindeutig eher als andere Völker in der Lage, den für die Temperaturführung von Erzreduktionsöfen und von Schmelzöfen so wichtigen Gebläsebetrieb durch ein doppelt wirkendes Kolbengebläse entscheidend zu verbessern (26), (72). Bild 67 zeigt ein solches Gebläse mit Ventilen, durch das ein gleichmäßiger Luftstrom als Voraussetzung für höchste Verbrennungstemperaturen sichergestellt wird. Dessen frühe Konstruktion war ein bedeutender Fortschritt gegenüber den sonst benutzten Blasebälgen.

Wahrscheinlich ist in China der Antrieb von Gebläsen durch Wasserkraft in den ersten Jahrhunderten nach unserer Zeitrechnung eingeführt worden.

Voraussetzung für das Gießen von Eisen war ferner Kenntnis von solchen feuerfesten Stoffen für Öfen und Formen, die ein Arbeiten bei einer Temperatur von 1400°C erlauben. Die Chinesen - auch Meister der Tonformkunst - waren in der Nutzung geeigneter Stoffe auch hierin anderen Völkern überlegen, und sie verfügten offenbar bereits über eine Art Reduktionsschachtofen oder Tiegelofen für das Erschmelzen von flüssigem Eisen aus dafür besonders geeigneten Erzen. Möglicherweise ist auch schon mit Aufnahme der Gußerzeugung die Aufkohlung von Rennfeuereisen zu Gußeisen im Tiegel beherrscht worden. Schließlich mag eine Rolle gespielt haben, daß schon sehr früh Anthrazit und andere Steinkohlen anstelle von Holzkohle für metallurgische Öfen eingesetzt werden konnten.

Chinakenner weisen auch darauf hin, daß die Herstellung von Eisenguß durch eine quasi-industrielle Organisation der Betriebe gefördert wurde. Dies erleichterte sicher die Herstellung von Serienteilen sowie großer und schwerer Gußstücke.

71 Das Museum of Natural History in Chicago besitzt eine gußeiserne Vase, die um 2oo v. Chr. in China gegossen worden ist (72).

Beispiele für den frühen Eisenguß

Zu den ältesten Eisengußstücken aus dem 4. Jh. v. Chr. gehören Werkzeuge, vor allem für den Ackerbau (Bild 68). Nach neuen Untersuchungen bestehen solche Werkzeuge aus kohlenstoffreichem weißem Gußeisen mit niedrigen Silicium-, Phosphor- und Schwefelgehalten (6), (73), (74). Der Rohguß wurde bei 9oo bis 1ooo°C einer Graphitisierungsglühung unterzogen. Nur durch diese Temperung konnten die Werkzeuge genügend schlagfest werden. In großen Mengen wurden Ackergeräte aus gezielt hergestelltem Temperguß gefunden (6), (72) - ein eindrucksvoller Beweis für den hohen Stand der Fertigungstechnik für Werkzeuge, aber auch der Landwirtschaft im alten China.

Gegossen wurde in gebrannte Lehmformen, aber auch in Kokillen (72). Neue Ausgrabungen haben sowohl zu Lehm-Stapelgußformen (75) (Bild 69) als auch zu gußeisernen Dauerformen für den Bronze- und Eisenguß geführt (Bild 7o). Dünnwandiger Topfguß ist wohl immer mit Lehmformen hergestellt worden. Die Han-Dynastie (2oo v. Chr. bis 2oo n. Chr.) förderte den Eisenguß sehr und nahm teilweise direkten Einfluß auf die Betriebe (76). Aus der Zeit um 2oo v. Chr. stammt eine gußeiserne Vase (Bild 71). Aus etwa gleicher Zeit ist eine gußeiserne Pfanne bekannt. Neue archäologische Funde zeigen auch, daß kaiserliche Gräber vor Grabräubern mit einer zwischen Ziegelsteinmauern gegossenen Eisenwand geschützt wurden (77).

Die chinesischen Eisengüsse aus der frühen Zeit des Buddhismus, der von Indien kommend während der ersten nachchristlichen Jahrhunderte in China eingeführt wurde, imponieren durch ihre Größe. Im 7. Jh. n. Chr. goß der Mönch Tschäng-king in Fönsi (Provinz Shansi) eine Buddha-Figur von etwa 2o m Höhe (1). Mit der Jahreszahl 953 ist eine 6 m hohe gegossene hohle Löwenfigur im Garten des Kai-Yuan-Klosters bei Ts'ang-Chou (Provinz Hopei) versehen. Sie ist abschnittweise gegossen und hat eine Wanddicke zwischen 37 und 2oo mm. Von bemerkenswerter Größe und Schwere sind auch die vielstöckigen Tempelbauten (Pagoden). Die älteste, noch erhaltene Eisenpagode stammt aus dem Jahr 1o61; sie ist 21 m hoch und soll 48 t wiegen (Bild 72). Erwähnenswert sind auch die gußeisernen Dachpfannen und gegossenen buddhistischen Eisenglocken aus älterer Zeit.

Als bezeichnend für die in allen Zeiten selbstgewählte Isolation des "Reichs der Mitte" mag angesehen werden, daß ein Technologietransfer für den Eisenguß bis nach Europa nicht stattgefunden hat.

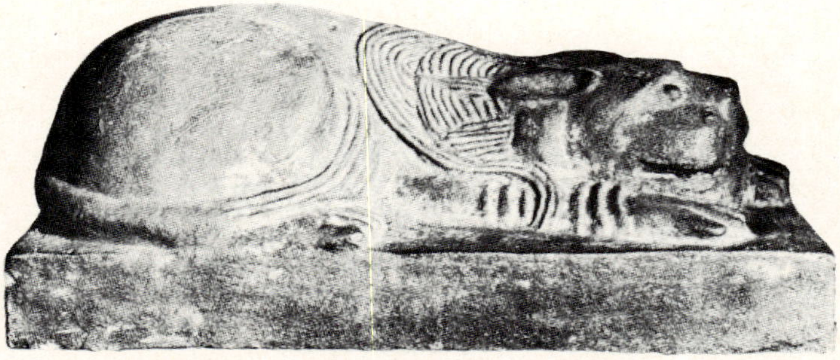

a

b

c

72 Die frühe chinesische Eisengießkunst verwirklicht sich auch in Bild- und Monumentalgüssen.
Der älteste gußeiserne Löwe a soll aus der Zeit um 5o2 v. Chr. stammen.
Der berühmte Kolossallöwe b im Garten des Kai-Yuan-Klosters bei Ts'ang-chou ist 6 m hoch und trug früher einen Buddha.
Die älteste gußeiserne Pagode c aus dem Jahr 1o61 ist 21 m hoch und wiegt 48 t (72).

4. EUROPÄISCHER EISENGUSS VOR DER INDUSTRIALISIERUNG

2ooo Jahre später als in China setzte um 14oo n. Chr. in Europa das Gießen von Eisen ein, nachdem die technischen Voraussetzungen für das Schmelzen in Schacht- und Tiegelöfen beherrscht wurden. Bei Verwendung von Holzkohle zum Schmelzen fiel meist ein Eisen mit einem niedrigen Gehalt an Schwefel und Silicium an. Das Umschmelzen im Flammofen und im Tiegelschachtofen läßt sich ab etwa 15oo nachweisen.

Um 14oo sind Geschützrohre und -kugeln die ersten Zeugnisse für Eisenguß in Europa. Die Formtechnik für Rohre entspricht ganz der schon im Mittelalter für Bronzeguß hoch entwickelten Lehmformerei mit Schablonen. Für Kugeln als Serienteile kamen nach dem anfänglichen Formen in Lehm bald aber auch Dauerformen (Kokillen) aus Gußeisen auf.

In der Mitte des 15. Jh. entstanden dann "Friedenswaren", z.B. in Form von Wasserleitungsrohren und Glocken aus Gußeisen. Auch bei diesen Erzeugnissen war zunächst der Lehmguß gebräuchlich; bei Wasserleitungsrohren ist aber im 17. Jh. das Formen mit Formsand im Formkasten eingeführt worden. Bis nach 17oo ist das Gießen von dreibeinigen Töpfen (Grapen) nach der Lehmform-Schabloniertechnik üblich. Später sind die Töpfe überwiegend nach Modellen mit Sand im Kasten geformt worden.

Die erste Periode einer künstlerischen Gestaltung von Eisenguß setzt ab etwa 15oo mit der Fertigung von im "Herdguß" hergestellten Platten für Kamine, Öfen, Grabmäler und Brunnen ein. Mit den von Bildschnitzern hergestellten Modeln aus Holz war ein Serienguß im offenen Sandbett, dem "Herd", möglich.

Vom Rennfeuer zum Hohen Ofen

Während in China bereits seit 5oo v. Chr. Eisen zum Gießen von Werkzeugen, Töpfen, Herden und Kunstgegenständen benutzt wurde, galt im Abendland bis zum Ende des Mittelalters das in Rennfeuern (Bild 73) mitunter flüssig anfallende Eisen als unbrauchbar (ungar). So sagte Plinius der Ältere (gestorben 79 n. Chr.):

> "Und es ist verwunderlich, daß beim Verhütten sich das Eisen gelegentlich wie Wasser verflüssigt und dann in schwammartige Gebilde zerbricht." (78).

In der Regel entstand beim Reduzieren von Eisenerz mit Kohle in den Rennfeuern nur ein kohlenstoffarmer fester Klumpen Eisen (eine Luppe) zum Ausschmieden. Die Hethiter scheinen diese Technik zuerst gekannt zu haben. Von Kleinasien brachte das Handels- und Seefahrervolk der Phönizier sie nach Europa - wie auch das Alphabet und vieles andere. Nach einer der reichsten Fundstätten keltischer Eisengeräte am Neuenburgersee wurden die 5oo Jahre vor Christi Geburt La Tēne-Zeit genannt. Bis zum Ende des 14. Jh. haben die Hüttenleute und Gießer in Europa die temperatur- und zeitabhängige Aufkohlung des Eisens aus dem Brennstoff als Voraussetzung für den Schmelzvorgang bei 115o bis 125o°C nicht erkannt und in ihren Öfen nicht beherrscht.

Die ersten Eisengußfunde im Abendland stammen aus der Zeit um 14oo. Von da an liegen im westlichen Deutschland und im östlichen Frankreich auch urkundliche Nachrichten über Gußstücke aus Eisen, zunächst Geschützrohre und Kugeln, vor. Allerdings sind die technischen Hinweise in den mittelalterlichen Feuerwerksbüchern und den späteren gedruckten Schriften von Agricola (79) und Biringuccio (48) nicht sehr ergiebig. Vielleicht steht das plötzliche Auftreten von Eisenguß in Europa im Zusammenhang mit dem damaligen Vordringen des Islam. Die Araber kannten wahrscheinlich die frühe Gußeisenverwendung in China.

Möglicherweise gab es auch andere äußere Einflüsse für die rasche Entwicklung des Eisengießens nach 14oo. Der steigende Gießmetallbedarf für das Kriegswesen war aus Eisenerzen vergleichsweise leichter als aus den nicht so verbreiteten Kupfer- und Zinnerzen zu decken. Erleichtert wurde das Schmelzen sicher durch den Wasserkraftantrieb der Ofengebläse; jedoch sind in Europa solche Gebläse schon vor Ein-

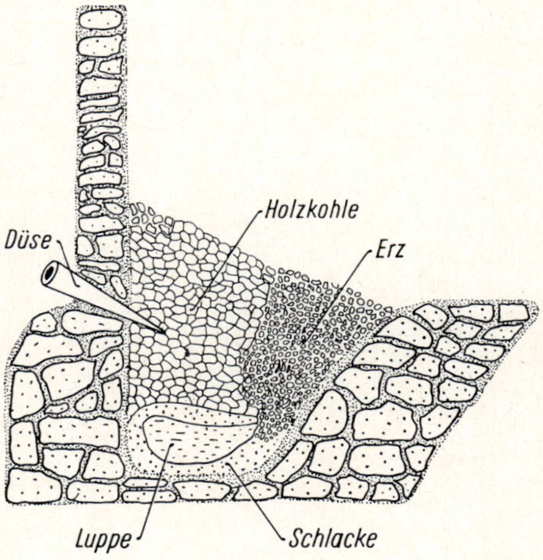

73 frühes Rennfeuer

73 - 77 Aus dem Rennfeuer "rinnt" nicht das Eisen, sondern die dünnflüssige Schlacke. Das Eisen sammelt sich als teigige Luppe (lat.: lupa = der Wolf) am Ofengrund. Aus dem Rennfeuer, das auch Wolfsfeuer genannt wird, entwickelte sich über Zwischenstufen der "hohe Ofen", bei dem das Eisen mit höherem Kohlenstoffgehalt flüssig als Gußeisen anfällt (3), (79).

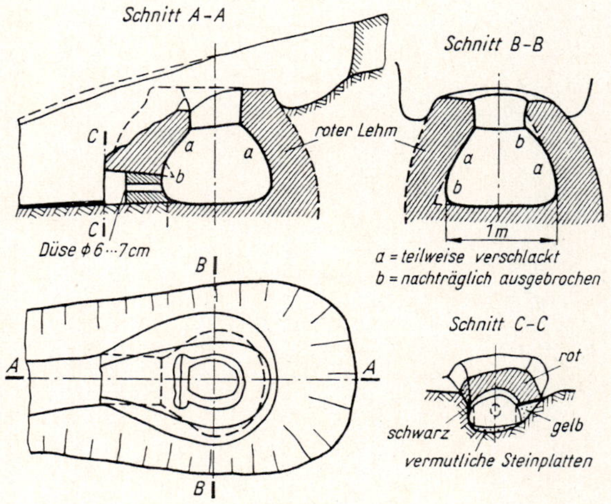

74 Schmelzfeuer der La-Tène-Zeit etwa 5oo v. Chr.

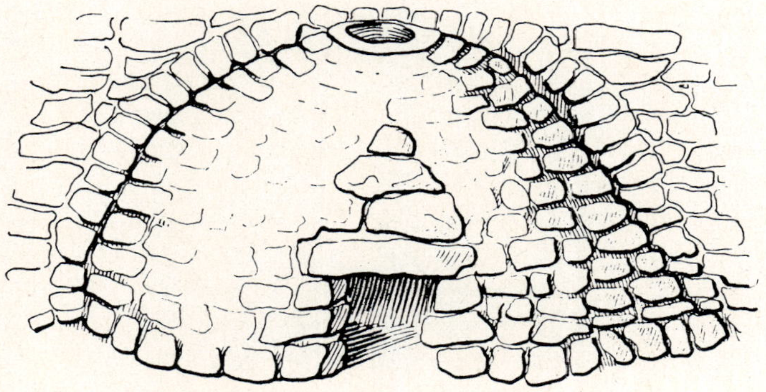

75 Rekonstruktion eines alten Zerrenfeuers mit kuppelförmig hochgezogenen Wandungen

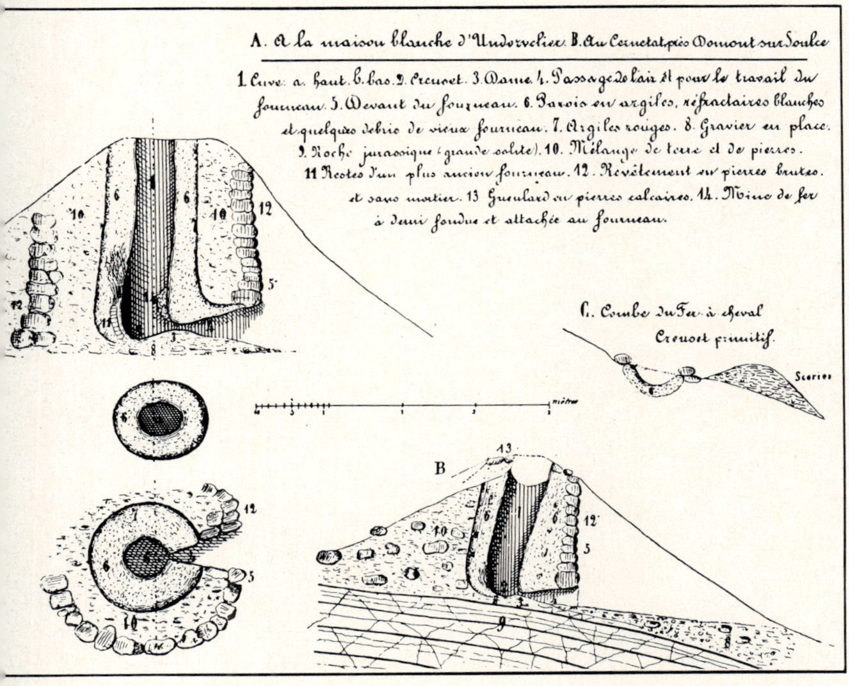

Keltischer Erdloch-Schmelzofen nach A. Quiquerez

77 Hoher Ofen

78 Das Eisenhüttenwesen: Ausdruck des Gewerbefleißes. Eine Kaminplatte vom Ende des 17. Jahrhunderts zeigt einen Holzmeiler und die Erzgewinnung am Berg, den Hochofenbetrieb und die Weiterverarbeitung des Eisens in Verbindung mit dem Leitspruch ora et labora - bete und arbeite, dessen Aussage durch die Darstellung des Kirchgangs unterstrichen wird.

führung des Eisengießens bekannt gewesen.

Schon in dem betrachteten Zeitraum waren zwei Verfahren zum Schmelzen von Eisen gebräuchlich (3), (5), (6). Das vermutlich ältere war das Umschmelzen. Bei diesem Guß "zweiter Schmelzung" ging man von Rennfeuer-Luppen und geschmiedetem Alteisen aus. Der Einsatz wurde im Tiegel mit Holzkohle aufgekohlt. In den alten Quellen ist davon die Rede, daß die "Tiegelspeise" auch mit Zusätzen von Spießglanz, Arsenik und Zinnerz behandelt wurde. Es liegen aber keine genauen Rezepturen vor; auch gibt die chemische Untersuchung von alten Eisengußstücken keinen Hinweis auf einen entsprechenden Antimon-, Arsen- oder Zinngehalt (80).

In der zweiten Hälfte des 15. Jh. dringt der damals einfacher zu beherrschende Guß "erster Schmelzung" aus dem mit Holzkohle betriebenen Schachtofen vor (1). Der "Hohe Ofen" entwickelte sich über Zwischenstufen aus dem Rennofen (Bild 77). Anregungen ergaben sich von Schachtöfen für die Kupfer- und Zinnverhüttung. Aus der frühen Zeit liegen kaum Beschreibungen für den Hochofenbetrieb vor. Die Verfahrenstechnik hat aber schon einem Dichter Stoff gegeben: Der Franzose N. Bourbon der Ältere hatte in seinem väterlichen Betrieb Eindrücke für das Gedicht "Ferraria" gesammelt:

Es ragt am Barseufer ein mächt'ger Vierkantbau.
Das ist der hohe Ofen, ein Bauwerk schlicht und rauh.
Das äußere Gemäuer ist Stein gemeiner Art.
Doch innen ist vermauert ein Quarzstein fest und hart.
Weil dieser Stein dem Winde, wie er auch brüllt und weht,
Und dem gefräß'gen Feuer erstaunlich widersteht.
Und hinter'm hohen Ofen da keuchen schwer und laut
Zwei ungeheure Bälge aus dicker Ochsenhaut.
Ein Rad bewegt die Bälge, rastlos vom Strom gepackt,
Sie atmen und sie blasen im gleichen Wechseltakt.
Der Schmelzer steht am Ofen und wacht bei Tag und Nacht,
Ein Mann von hartem Körper, gewöhnt an Müh und Plag.
Er reguliert die Winde, bezähmt die wilde Glut,
Er sondert von dem schlechten das Eisen rein und gut.
Er läßt die Masse laufen, Gußeisen man sie nennt,
Und zieht mit Eisenhaken die Schlacke ab behend.

Aus "Ferraria" (1517) von Nicolas Bourbon (81)

Bisher sind nur wenige Angaben zur Zusammensetzung des frühen europäischen Eisens vorhanden. Die Zusammenstellung in Tafel 5 macht deutlich, daß die mit Holzkohle im Schacht oder Tiegel erschmolzenen Eisensorten einen vergleichsweise niedrigen Silicium- und Schwefelgehalt aufweisen. Je nach der Rohstoffgrundlage ist der Gehalt an Mangan und Phosphor unterschiedlich.

Seit etwa 16oo sind für das Umschmelzen von Eisen Flammöfen mit Kamin, aber ohne Gebläse eingesetzt worden, wie sie schon früher beim Bronze-Glockenguß gebräuchlich waren (vgl. Bild 3o). Beschreibungen kleiner Schachtöfen (Bild 79 a) finden sich bei Georgius Agricola (1494 bis 1555), dem aus Glauchau stammenden Arzt und Naturforscher, der als Georg Bauer sein Leben in Joachimsthal und vor allem in Chemnitz verbrachte. Seine "12 Bücher vom Berg- und Hüttenwesen" erschienen posthum 1556 in lateinischer Sprache in Basel unter dem Titel "de re metallica" und ein Jahr später in deutscher Sprache.

Ungefähr ab 17oo wurde Eisen auch in kleinen fahrbaren Schachtöfen (Bild 79 b) umgeschmolzen, die sich aus Tiegelöfen entwickelt hatten. In solchen Öfen, die als Vorläufer der Kupolöfen anzusehen sind, machte Réaumur Schmelzversuche.

a

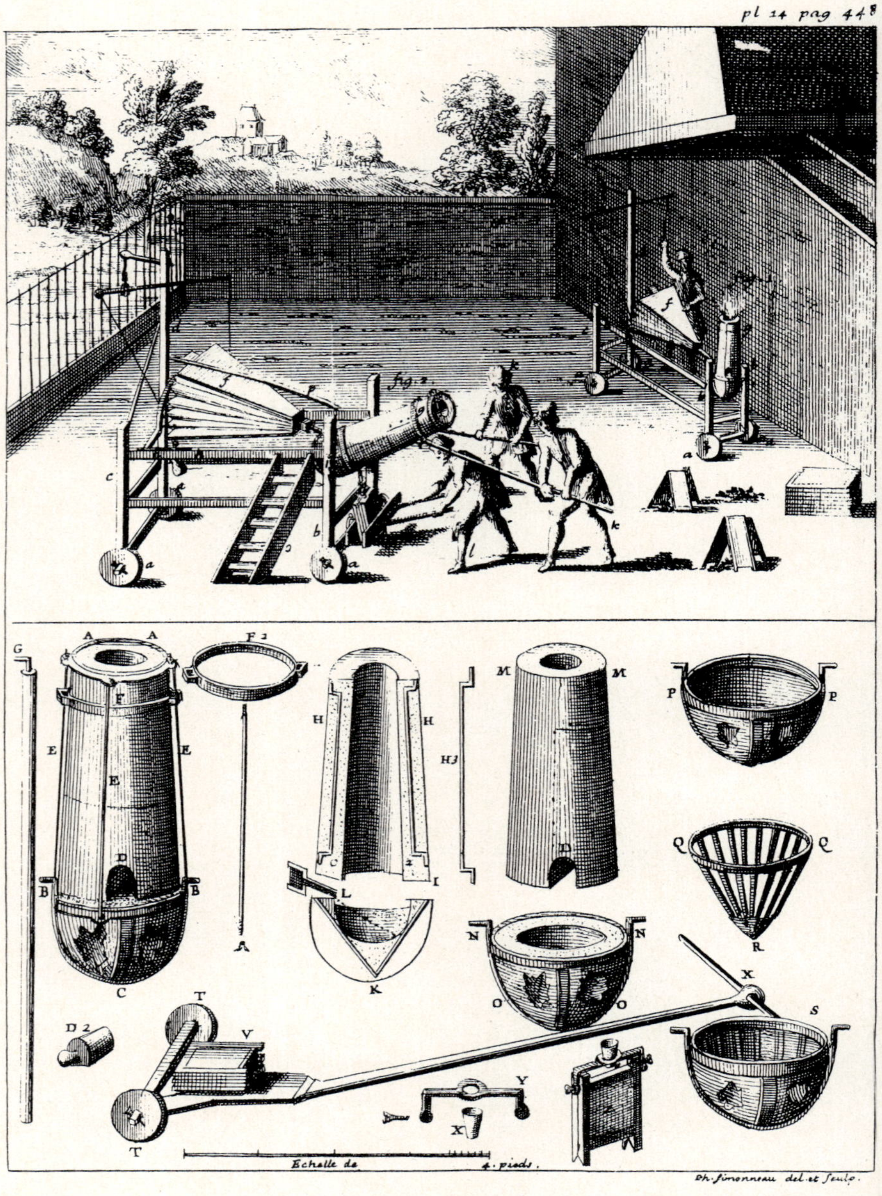

79 Die Entwicklung der Schmelztechnik verlief bei Gußeisen ähnlich wie bei Bronzeguß. Das erste Lehrbuch des Berg- und Hüttenwesens "de re metallica" von Georgius Agricola (79) aus dem Jahre 1556 enthält Beschreibungen kleiner Schachtöfen, auch Stücköfen genannt a. Mit Beginn des 18. Jh. kamen kleine kipp- und fahrbare Tiegel-Schachtöfen auf, wie sie auch von Rèaumur für seine Schmelzversuche benutzt worden sind b. Sie sind als Vorstufe für die späteren Kupolöfen anzusehen (1), (vgl. 118).

80 Vom Siegener Meister Hans Pender stammt ein gußeisernes Geschütz aus dem Jahre 1538: ein mit Inschriften reich verzierter Mörser. Original im Heeresmuseum Wien; Nachbildung im Siegerland-Museum, Siegen (3).

Tafel 5. Chemische Zusammensetzung alter Eisengußstücke

Fundstück	Datierung	C %	Si %	Mn %	P %	S %	Quelle
Glocke von Zimmerwald	1435	3,17 bis 3,29	0,33	0,08	0,59 bis 0,71	0,020 bis 0,024	(85)
Wasserleitungsrohr Dillenburg	1450	4,03	0,51	1,20	1,78	0,043	(83)
Geschützkugel Lippstadt	1523	3,12	0,21	0,50	2,70	0,077	(82)
Herdplatte Ahrhütte	1580	3,91	0,41	0,60	0,18	0,036	(86)
Herdplatte Schleidener Tal	1600	3,82	0,54	0,18	1,04	0,042	(86)
Wasserleitungsrohr Braunfels	1650	4,00	0,60	0,42	0,25	0,021	(83)

Formen und Gießen von gußeisernen Geschützrohren und Kugeln

Für die seit Mitte des 14. Jh. sich schnell ausbreitenden Pulverwaffen hatte man zunächst nur Geschützrohre aus Bronze und Steinkugeln, die später durch Kugeln aus Schmiedeeisen ersetzt wurden. Für Geschützrohre bewährte sich Schmiedeeisen zunächst nicht, aber mit Gußeisen war man schon früh erfolgreich: in einer Urkunde der Stadt Frankfurt aus dem Jahre 1390 erklärt der Büchsenmeister Merckeln Gast, daß er kleine

81 Für die nach 14oo einsetzende Herstellung von Kanonenkugeln aus Gußeisen wurden schon bald Dauerformen (Kokillen) aus Gußeisen benutzt (5).

82 Gußeiserne Wasserleitungsrohre, die seit etwa 145o in geteilten Lehmformen gegossen wurden, überdauerten viele hundert Jahre ständigen Gebrauchs. An dem historischen Gußrohr im Besitz des Vereins Deutscher Giessereifachleute sind deutlich die Teilungsnähte zu sehen. Das 1 m lange Rohr hat konische, muffenähnliche Enden und einen Innendurchmesser von 3o mm.

Geschütze aus Eisen gießen kann. Die Gießformen für Geschützrohre aus Gußeisen wurden nach der Lehmform-Schabloniermethode gefertigt, wie wir sie vom Bronzeguß her bereits kennen. Die ältesten Geschütze aus Gußeisen sind sehr einfach gestaltet; später werden sie reich verziert, wie der Mörser des Siegener Meisters Pender zeigt (Bild 80) (3).

Seit Anfang des 15. Jh. werden auch Kanonenkugeln mehr und mehr aus Gußeisen hergestellt, wie urkundliche Nachrichten aus Straßburg und Freiburg (1415) besagen. Diese Kugeln galten als sehr wertvoll. So wird berichtet, daß die Bürger von Reutlingen nach der Belagerung und Eroberung ihrer Stadt vom Sieger, dem Herzog Ulrich von Württemberg, gezwungen wurden, alle Kugeln wieder einzusammeln (3).

Zunächst sind die Kugeln in Lehmformen gegossen worden, aber schon bald hatte man die Vorteile von Dauerformen für den Serienguß erkannt. Als Dauerformen benutzte man früher genau wie heute gußeiserne Kokillen (Bild 81), wie sie von Biringuccio 1540 beschrieben werden (48). Die chemische Zusammensetzung ist dem Verfasser nur von einer alten Gußeisenkugel bekannt (82). Nach dem vergleichsweise niedrigen Kohlenstoffgehalt (Tafel 5) könnte die Kugel aus Umschmelzeisen erzeugt worden sein, es ist aber auch überliefert (3), daß Gußeisenkugeln zur Verbesserung der Zähigkeit ausgeglüht und dann überschmiedet wurden.

Vielseitige Gußeisenverwendung

In der zweiten Hälfte des 15. Jh. findet Gußeisen auch für friedliche Zwecke Verwendung: Rohre, Bratroste, Kochtöpfe, Gewichtssteine, Schmelztiegel, Glocken, Feuerböcke, Brunnentröge, Kamin-, Ofen- und Grabplatten wurden Erzeugnisse, für die die Siegerländer Hochofengießereien führend waren. In der Eisenstadt Siegen wurde, wo nur eben möglich, Gußeisen verwandt. Die Altehrwürdige Nicolai-Kirche in Siegen

83 Um 1665 wurden für die Wasserkünste von Versailles rd. 4o km gußeiserner Flanschenrohre verlegt, die zum Teil noch heute in Gebrauch sind. Die Buchstaben LF bedeuten Louis de France und deuten auf die Herstellung in der Regierungszeit Ludwig XIV. (1).

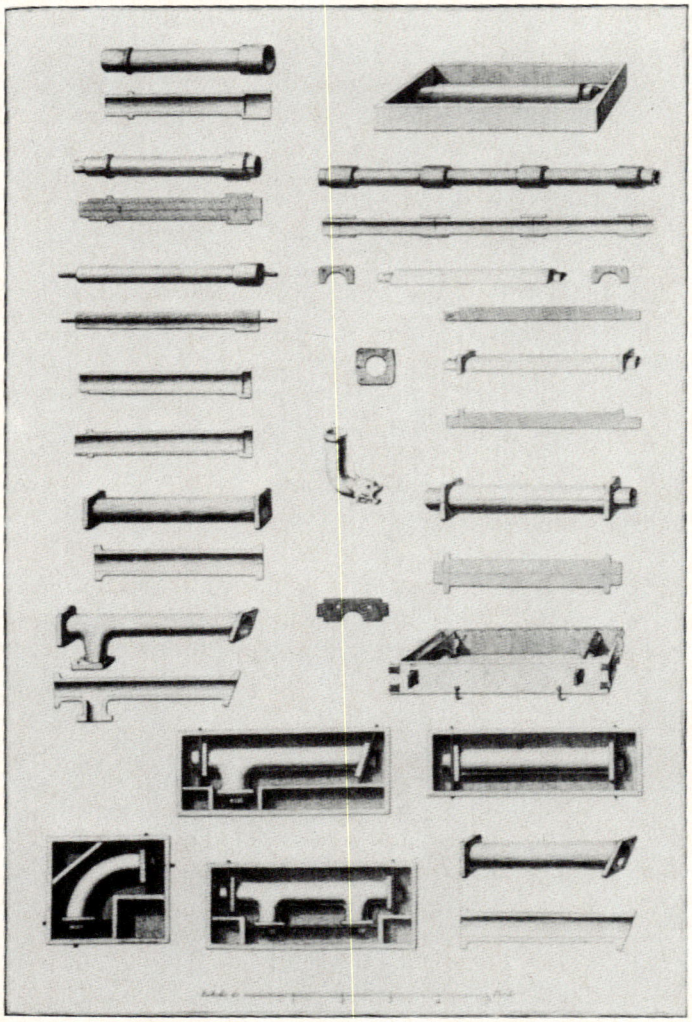

84 Diderot/d'Alembert beschreiben 176o das Formen von Wasserleitungsrohren im Kasten-Sandguß, der sich mehr und mehr durchsetzte (53).

war ganz mit gußeisernen Platten ausgelegt, die vielfach neben der Jahreszahl 1661 das Zeichen der Stifter tragen: das Malteserkreuz.

Haltbare Wasserleitungsrohre

Die frühesten Nachrichten über gußeiserne Wasserleitungsrohre gehen bis in die Zeit um 145o zurück (83), (84). Dank der guten Haltbarkeit von Gußeisen, nicht zuletzt wegen der Beständigkeit der Gußhaut, hat manches Rohr seinen Dienst über hunderte von Jahren hinweg erfüllt. Als man 1842 in Frankfurt a.M. eine neue Wasserleitung baute, konnte man die in den Jahren 1611 und 165o verlegten Rohre zur Hälfte wiederbenutzen (1). Untersuchungen an ausgegrabenen Rohren von Schloß Dillenburg (Siegkreis) und Schloß Braunfels (Kreis Wetzlar) zeigen, daß der Werkstoff aus silicium- und schwefelarmem Eisen besteht (Tafel 5). Die Rohre (Bild 82) haben Wanddicken von 5 bis 2o mm und Längen bis zu 1 m. Im Gegensatz zu Geschützrohren, die senkrecht in der Form standen, wurden sie in geteilten Lehmformen liegend gegossen. Die ersten Rohre waren Muffenrohre, die ineinandergesteckt und mit Blei verdämmt wurden. Später wurden auch Flanschenrohre gegossen; so vergab Ludwig XIV. 1664 bis 1668 einen großen Auftrag gußeiserner Flanschenrohre für die Wasserkünste in Versailles an verschiedene Werke (Bild 83). Seit der zweiten Hälfte des 18. Jh. sind Wasserleitungsrohre wohl vornehmlich im Kasten-Sandguß hergestellt worden (Bild 84).

Gußeiserne Glocken

Während in der frühen Eisenzeit Eisen kostbarer war als Gold, war schon zu Beginn der Neuzeit Gußeisen billiger als Bronze. So sind damals trotz der gegenüber Bronzeglocken weniger befriedigenden Klanggüte viele Glocken aus Gußeisen hergestellt worden. Der Siegener Rentmeister zahlte 1499/15oo an den Meister Brune

85 Ein erstes Zeugnis schweizerischen Eisengusses ist die Glocke von Zimmerwald aus dem Jahre 1435 (173 kg; Höhe 73 cm) (8).

86 Ebenfalls in der Schweiz, in Schaffhausen, steht die Glocke, deren Aufschrift Friedrich Schiller zum "Lied von der Glocke" angeregt hat: "vivos voco, mortuos plango, fulguros frango" - ich rufe die Lebenden, ich beklage die Toten, ich bezähme den Blitz.

16 Albus für den Auftrag, "von den eisen glocken zu gießen" (1). Leider sind nur wenige gußeiserne Glocken erhalten. Zu den ältesten gehört die 1435 von G. Chaufourne in Orbe in der Schweiz gegossene Glocke von Zimmerwald (Bild 85). Ihr niedriger Kohlenstoffgehalt (Tafel 5) deutet darauf hin, daß es sich um ein Eisen zweiter Schmelzung handelt. Nach der Gefügeuntersuchung ist das Eisen graphitisch erstarrt (85), was wohl bei dem niedrigen Silicium-Gehalt nur durch eine außerordentlich langsame Abkühlung in der beim Glockengießen üblichen Lehmform möglich war.

Das Siegerländer Museum bewahrt eine gußeiserne Glocke aus der Zeit um 1800 auf, die beim Müsener Stahlberg den Schichtwechsel angekündigt hat.

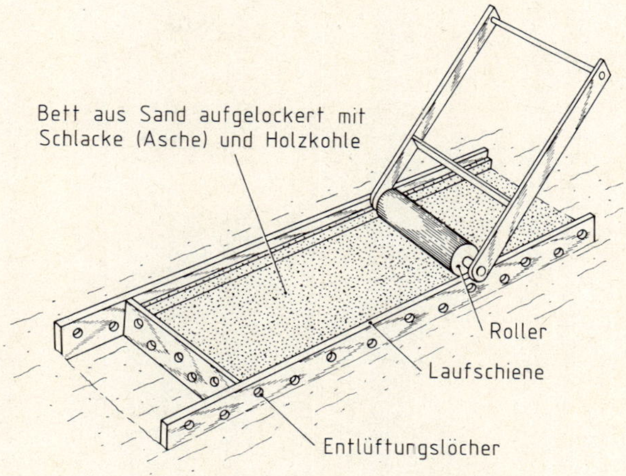

87 Schon bei der frühen Technik des Herdgusses wurden "Sandroller" für die gleichmäßige Verdichtung des Sandbettes benutzt (5).

Gegossene Platten

Der Guß verzierter Eisenplatten für Kamine, Öfen, Brunnen und Gräber geht bis in das 15. Jh. zurück (86). Die Technik des Gießens von Platten in der offenen Herdform war schon im Altertum bekannt und wurde nun für Gußeisen wiederentdeckt. Die frühesten urkundlichen Nachrichten über den Eisen-Herdguß stammen aus dem Siegerland (1486/87). Hier, im Lahngebiet, im Hunsrück, in der Eifel, an der Saar, in Süddeutschland, im Elsaß und in Luxemburg sowie in Tirol wurde diese Kunst gepflegt, und von hier aus fand sie große Verbreitung.

Die Herdform entstand, indem man das Holzmodell, den "Model", oder später zum Nachguß auch eine Gußeisenplatte in ein vorbereitetes Sandbett, den "Herd", drückte. Bei kleineren Platten wurden die Modelle in das Sandbett eingeklopft, bei größeren "eingefüttert". Wesentliche Voraussetzung war immer die genaue waagerechte Ausrichtung des Sandbettes. Dabei war der Guß von Ofenplatten schwieriger als der von Kaminplatten, weil Ofenplatten gleichmäßig dick sein mußten, um nicht durch Wärmespannungen zu zerspringen. Schon frühzeitig sind Rollvorrichtungen

88 Aus kunstvollen Herdguß-Platten zusammengesetzte Kasten- oder Plattenöfen kommen um 15oo auf. Der Ofen aus dem Schloß Spangenberg/Hessen (29o x 75 x 164 cm; Marburger Universitätsmuseum für Kulturgeschichte) besteht aus Platten nach Modeln von Ph. Soldan (15oo bis 1569) und Jost Lippel, die in einer Hütte des Klosters Haina gegossen wurden.

89 Ein neueres Exemplar mit schönen Mustern aus Gotik und Renaissance besitzt das Heimatmuseum Birkenfeld an der Nahe.

zur Verdichtung des Sandbetts benutzt worden (Bild 87). Nach dem Entnehmen des Modells aus dem Sand wurde die offene Herdform entweder direkt aus dem Hochofen oder mit der Gießpfanne gefüllt. Die rechteckigen, hier und dort quadratischen Herdplatten sind meist 5 bis 1o mm dick und bis über 1 m breit. Die schweren Platten wiegen über 5o kg. Als Kaminplatten dienten sie zum Schutz der Wand bei offenen Kaminfeuern. Bei der Takenheizung, die besonders westlich des Rheins verbreitet war - im französischen ist "taque" eine Gußplatte - erwärmte das offene Feuer zwei Räume: die hinter der Feuerstelle stehende, in die Wand eingelassene Takenplatte übertrug die Wärme in den angrenzenden Raum. Aus der Kamin- und Takenheizung entwickelte sich schon um 15oo der aus Platten hergestellte Kastenofen (87), auch Plattenofen genannt. Die Platten wurden mit gegossenen Eckleisten verschraubt und so zur Kastenform verbunden. Kastenöfen beachtlicher Größe sind heute noch in vielen Schlössern, Burgen und Museen zu finden (Bild 88).

Auch Brunneneinfassungen (Bild 9o) sind aus Gußplatten zusammengesetzt worden. Besonders große Abmessungen zeigen gußeiserne Grabplatten, die seit Beginn des 16. Jh. nachweisbar sind.

Die chemische Analyse der Herdplatten zeigt, wie auch bei anderen Eisengußstücken der frühen Neuzeit, einen niedrigen Silicium- und Schwefelgehalt und unterschiedliche Phosphorgehalte (Tafel 5). Die Annahme, daß man beim frühen Eisenguß einen hohen Phosphorgehalt angestrebt habe, um den Schmelzpunkt zu erniedrigen, wird durch den Analysenvergleich nicht bestätigt. Vielmehr scheint es, daß der Phosphorgehalt nicht gezielt eingestellt wurde.

Die gußeisernen Platten gehören sicher zu den am meisten beschriebenen historischen Gußstücken (86) bis (92). Die Motive aus allen Lebensbereichen wurden von Bildschnitzern geschaffen, deren Namen häufig nicht überliefert sind; einer der bekanntesten war Philipp Soldan (15oo bis 1569). Seinen Höhepunkt erreichte das

9o Der älteste Eisenbrunnen (1582) steht auf dem Marktplatz zu Bischofsheim in der Rhön. Die gußeisernen Platten werden durch Eckleisten zusammengehalten. Zwischen Wappen und Kriegerfiguren weisen die Platten auf wichtige ortsgeschichtliche Daten hin (1), (86).

a Darstellung des Sündenfalls (1538)

b Szene aus dem Weinbau

91 Nahezu unübersehbar ist der Reichtum an gußeisernen Kamin-, Taken- und Ofenplatten mit Motiven aus der biblischen Geschichte a und aus allen Lebensbereichen (86). Die älteste Ofenplatte aus dem Solmser Land bei Wetzlar mit Weinmotiven b hängt im Mittelmoselmuseum, Trarbach. Mit fast 400 Herdplatten aus der Sammmlung des Vereins Deutscher Eisenhüttenleute ist die Eingangshalle c des Düsseldorfer Rathauses ausgekleidet.

a

b

Kunsthandwerk der Ofenplatten in der Renaissance, hauptsächlich mit biblischen Motiven. Häufig sind auch mythologische Darstellungen und Wappen. Eine ständige Ausstellung von fast 4oo Platten aus der bedeutenden Sammlung des Vereins Deutscher Eisenhüttenleute befindet sich in der Eingangshalle des Düsseldorfer Rathauses (Bild 91).

Der Herdplattenguß brachte wichtige gießereitechnische Fortschritte. Das gilt vor allem für die beginnende Sandformtechnik und auch für die Serienfertigung von Eisenguß, die durch die künstlerisch gestaltete Modellplatte aus Holz oder Eisen ermöglicht wurde.

Sandformen statt Lehmformen

Um 176o ist während der Aufklärung mit der Encyclopédie Methodique von Denis Diderot und Jean le Rond d'Alembert das erste technische Lexikon in Frankreich entstanden (53). Mit vielen anschaulichen Kupferstichen beschreibt das Werk den vorindustriellen Gießereibetrieb und die damals üblichen Form- und Gießverfahren (Bild 92). Schon zu dieser Zeit zeigt sich, daß das Formen in Sand das Formen in Lehm zurückgedrängt hat.

Neben vielen anderen Beispielen tauchen auch hier wieder dreibeinige Töpfe auf, die den antiken Speiseopfergefäßen aus China und den mittelalterlichen Bronzegrapen ganz ähnlich sind (Bild 93). Solche gußeisernen Töpfe sind zunächst in großem Umfang mit Hilfe von schablonierten Lehmformen hergestellt worden (Bild 94). Diese nicht einfache Methode wurde dann aber durch das Einformen in Formkästen mit Sand als Formstoff abgelöst. Der wesentliche Fortschritt war, daß anstelle der Schablone nun ein Modell vorhanden war, mit dem der Topf bei weniger Arbeitsaufwand genauer hergestellt werden konnte. 17o7 erhielt der Engländer A. Darby (93) ein Patent für das Sandformen von Töpfen im Formkasten. Dabei soll aber nicht übersehen werden, daß für andere Gegenstände der Sandguß im Formkasten schon wesentlich früher angewandt worden ist; so erwähnt Biringuccio (48) das Formen "mit Sand im Kasten oder Holzrahmen" für Kleinguß aus Bronze.

: Das erste technische Lexikon von
iderot und d'Alembert aus dem Jahre
'6o enthält viele Darstellungen zeitge-
ssischer Gießereien, so die einer Hoch-
engießerei für gußeiserne Töpfe (a)
d die einer Gießerei für verschie-
nartige Teile (b):
g. 1, 2 Kastenformen für geteilte
odelle,
g. 3 Formen für gußeiserne Rohre,
g. 4 Herdform einer Gußplatte,
g. 5 Eindämmen von Lehmformen,
g. 6 Bock für das Putzen von Töpfen
d ähnlichen Stücken.

93 Schon bald nach Einführung des Eisengusses knüpfte man an die Tradition der Bronzegrapen an und begann mit der Herstellung gußeiserner Töpfe. Ein Zentrum war das Siegerland. Beispiel: Kochtopf aus dem 18. Jh. im Siegerland-Museum.

94 Für gußeiserne Töpfe (Grapen) wurde die aufwendige Schablonen-Lehmformtechnik für Kern, "Hemd" und Mantel a vom Anfang des 18. Jh. an zunehmend durch das einfachere Kastenformen b mit Sand nach einem Modell abgelöst (53).

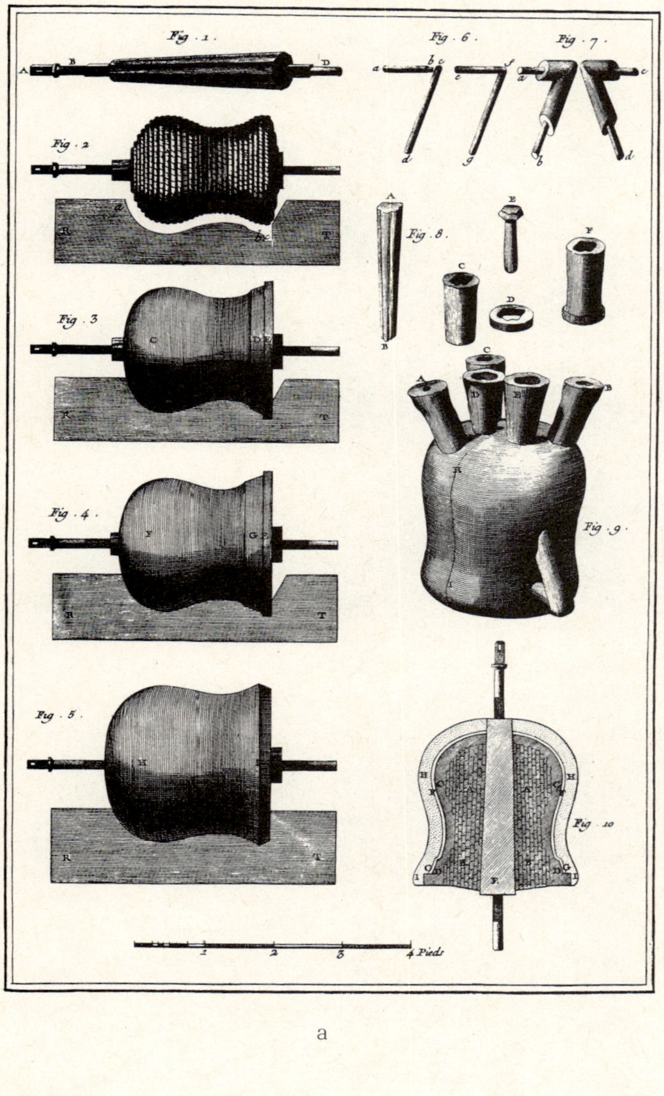

a

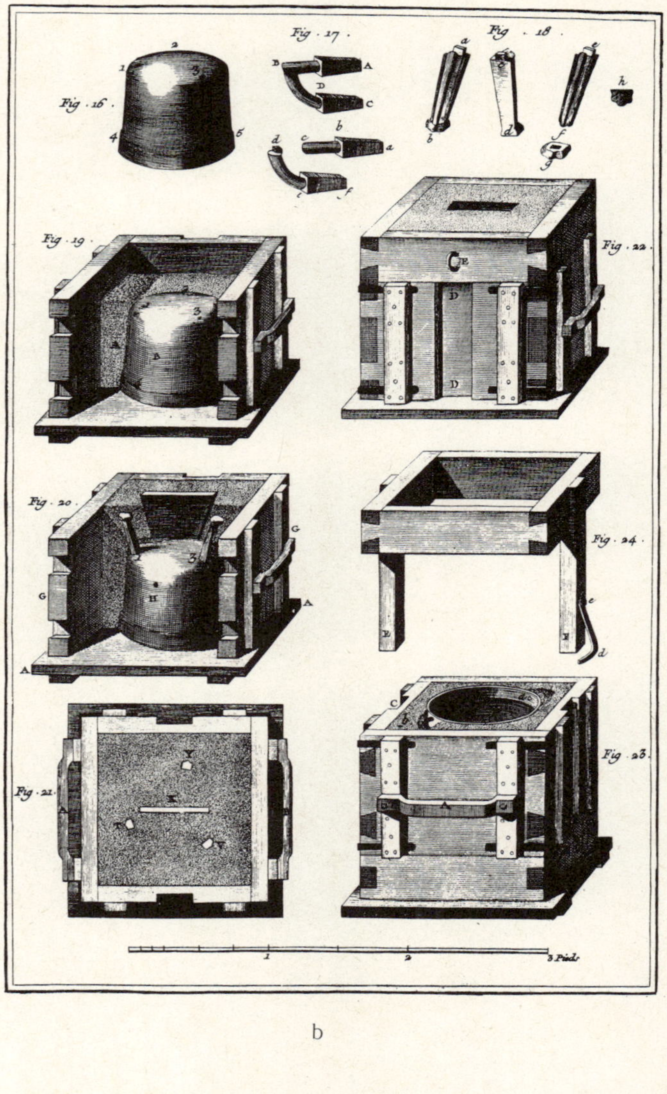

b

Die Gießereitechnik in der Malerei: einige Beispiele

95 Wilhelm von Kaulbach (18o5 bis 1874): "die Erzgießerei (Guß der Bavaria)", 1854. Bayrische Staatsgemäldesammlungen, München.

Das 3o m hohe Bronze-Kolossalstandbild vor der Ruhmeshalle in München wurde 1844 bis 185o nach dem Modell von L. von Schwanthaler von Ferdinand von Miller in der Millerschen Erzgießerei gegossen. Zum Heben des Kopfes war König Ludwig I. mit seiner Gemahlin Therese und zahlreichen Verwandten erschienen. Ein unheimlich klingendes "Hoch" ertönte aus dem gehobenen Kopf, aus dem zur Überraschung und unter dem Beifall der Zuschauer die beiden kleinen Söhne Millers und 28 Arbeiter herauskletterten (Industrie und Technik in der deutschen Malerei, Duisburg).

96 Wilhelm Gail (18o4 bis 189o): "Guß der Bavaria", um 185o. Münchner Stadtmuseum, München

97 Otto Bollhagen: "Tiegelstahlguß im Jahre 1874"; 1912. Friedr. Krupp GmbH, Essen

98 John Furgeson Weir: "Die Geschützgießerei von Cold Spring", 1866. Putnam County Historical Society, Garrison-on-Hudson, New York

oo

5. EISENGUSS IN DER INDUSTRIALISIERUNG

Die schon in der zweiten Hälfte des 18. Jh. beginnende Industrialisierung gab dem Gießereiwesen sowohl durch technische Neuerungen als auch durch den erhöhten Gußbedarf ungeheure Impulse.

Allmählich verdrängte Gußeisen Holz als Werkstoff aus dem Gerätebau und fand auch im Bauwesen vielfache Anwendung. Von etwa 1800 an lösten sich aus technologischen Gründen die Eisengießereien allmählich von den Hüttenwerken. Bemerkenswert ist aus dieser Zeit die künstlerische Gestaltung von Eisenguß nicht nur für Ziergegenstände, Denkmäler und Monumente, sondern auch für Maschinenteile und Gebrauchsgegenstände. Mit zunehmender Industrialisierung nach 1850 verstärkte sich die Nachfrage nach Eisenguß, obwohl zu dieser Zeit gewalzter Stahl als konkurrierender Konstruktionswerkstoff aufkam. Bedeutendes Absatzgebiet wurde der Maschinenbau. Seit etwa 1900 ist der Fahrzeugbau ein wesentlicher und wachsender Markt für gegossene Eisenwerkstoffe.

Gefördert wurde die Anwendung der Gußwerkstoffe besonders durch grundlegende naturwissenschaftliche Erkenntnisse im 19. Jh. Es gelang, Temperguß als wärmebehandeltes Gußeisen fabrikmäßig herzustellen und Stahl in Formen zu gießen. Der Einfluß des Siliciums auf die Graphitbildung in Gußeisen und der Einfluß der Wanddicken und damit der Abkühlungsgeschwindigkeit auf die Festigkeitseigenschaften wurden immer klarer erkannt. Ein durchgreifender Erfolg für die Verwendung von Gußeisen in hochbeanspruchten Bauteilen war die nach 1950 einsetzende Erzeugung von Gußeisen mit Kugelgraphit, dessen Eigenschaften aufgrund der geringen Gefügeunterbrechung durch die kugelige Graphitausbildung in vielen Fällen die Verwendung anstelle von Stahlguß oder geschmiedetem Stahl erlaubte.

99 Der bei den Carron Works, Scho land, als Industriedenkmal aufgestel Teil eines gußeisernen Dampfmaschine zylinders aus dem Jahr 1766 ist e Zeugnis der frühen Verwendung v Gußeisen im Maschinenbau (93).

Voraussetzungen für die Industralisierung

Industrialisierung und Energieversorgung sind nicht voneinander zu trennen. Bis zum 18. Jh. deckte der Mensch seinen Energiebedarf praktisch ausschließlich mit Holz. Die beginnende Industrialisierung, das Vordringen der gewerblichen gegenüber der handwerklichen und landwirtschaftlichen Erzeugung bei vermehrter Lohnarbeit und Zusammenballung der Bevölkerung in den Städten, führt zur ersten Energiekrise. Metallerzeugung und -verarbeitung wurden unterbrochen, wenn wegen Entwaldung die Holzkohle knapp wurde oder das Antriebswasser für Gebläse und Maschinen in trockenen Sommern oder in kalten Wintern versiegte.

Mit der Anlage der Reichswälder bei Kleve und Nürnberg begann im 18. Jh. die systematische Forstwirtschaft, aber gelöst wurden die Energieprobleme erst durch den vermehrten Einsatz von Steinkohle, die Verwendung von Steinkohlenkoks und die Dampfmaschine. Sie waren die Voraussetzungen für das industrielle Wachstum (1), (3), (93).

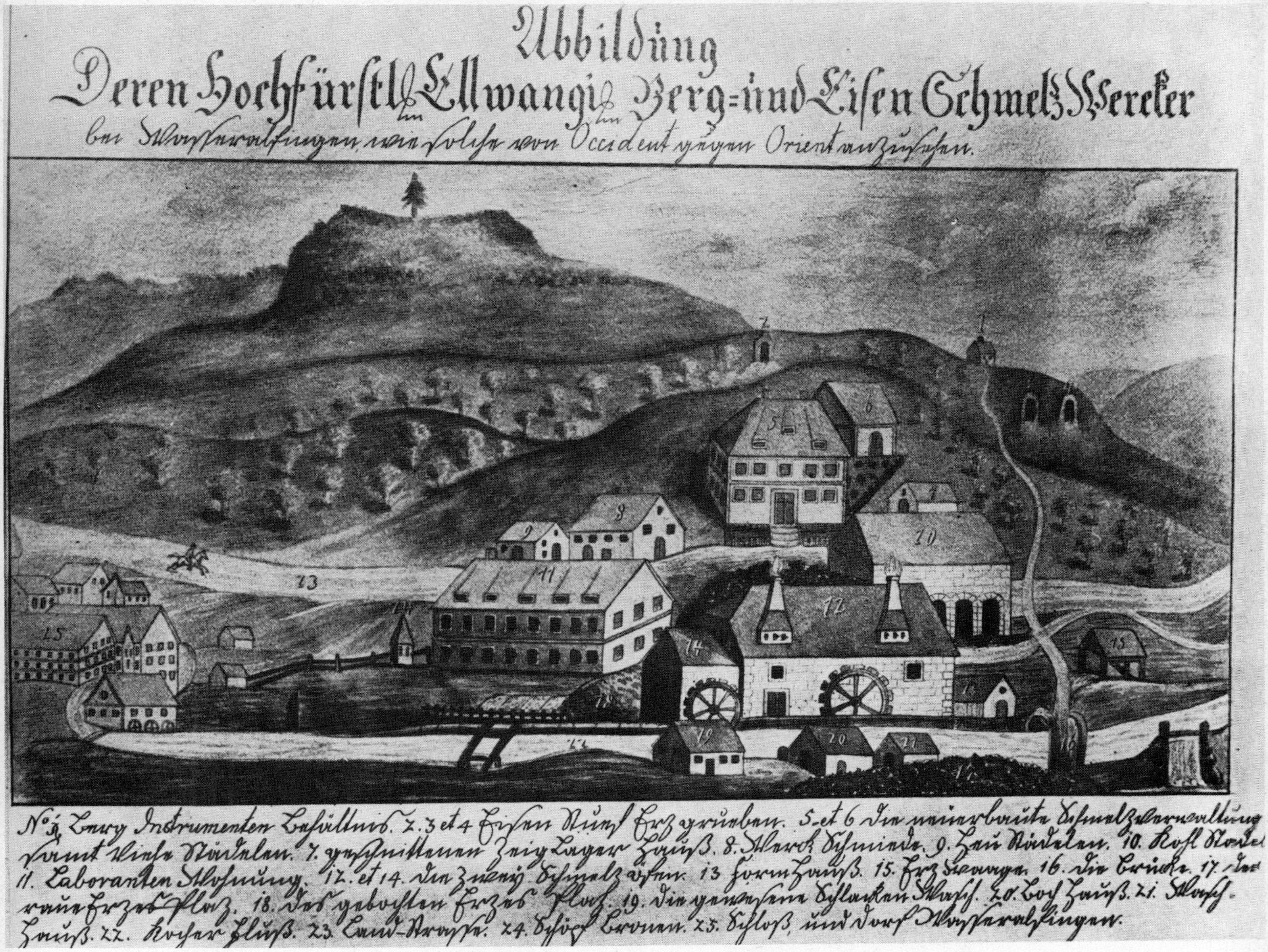

o In der ersten Hälfte des 17. Jh. tstehen an vielen Stellen Eisenhütten. ıch die Ursprünge des Königlich Württmbergischen Hüttenwerkes Wasseralfinn gehen auf diese Zeit zurück.

Abraham Darby I. (1676 bis 1717) ersetzte um 1709 die in England besonders selten gewordene Holzkohle für den Hochofen durch Steinkohlenkoks (93). Das war ein Beginn, aber es dauerte noch lange, bis Koks allgemein eingeführt war. Einer der Hauptgründe war das Fehlen geeigneter Gebläse für die bei höherer Eisenerzeugung des Hochofens benötigten größeren Windmengen. Schwierigkeiten machte auch, daß mit dem dichteren, asche- und schwefelhaltigen Koks als Brennstoff ein Eisen mit höherem Silicium- und Schwefelgehalt anfiel.

In Deutschland wurde der Koksbetrieb für Hochöfen 1796 zunächst in Oberschlesien und erst später, 1845, im Ruhrgebiet eingeführt. Im Laufe der Jahre lernte man auch, die aufkommenden kleinen Schachtöfen, die sich dann als Kupolöfen durchsetzten, für das Umschmelzen von Roheisen mit Koks zu betreiben.

1765 stellte James Watt (1736 bis 1819) seine erste

brauchbare Dampfmaschine auf. So konnte am Ende des 18. Jh. der Wasserkraftantrieb der Hütten durch den Dampfantrieb abgelöst werden.

Gußeisen im Maschinenbau und Bauwesen

England war zu Beginn des Industriezeitalters auf dem Gebiete des Eisengusses führend (1), (3), (93). Schon um 17oo verwendete man dort Gußeisen als Werkstoff für Maschinenteile. Zum Beispiel wurden 17o4 für ein neues Wasserwerk in London nicht nur die Rohre, sondern auch Pumpenzylinder, Wellen und Kurbeln aus Gußeisen hergestellt.

Förderer der Herstellung und Verwendung von Gußeisen waren besonders die Engländer Abraham Darby III. (176o bis 1793, Enkel des erwähnten Darby I.), John Smeaton (1724 bis 1792) und John Wilkinson (1728 bis 18o8). Die Jahreszahl 1766 trägt der erhaltene Teil eines von J. Smeaton gegossenen Dampfmaschinenzylinders (Bild 99).

1o1 Gußeiserne Brücke über den Seve nahe Wolverhampton, England, mit ein Spannweite von rd. 3o,5 m. Sie h dem Industrieort Ironbridge seinen Nam gegeben. Der Entwurf stammt von Th mas Farnolls Pritchard in Shrewsbury; d einzelnen Teile der Brücke im Gewic von 38o t wurden von Abraham Darby I im benachbarten Hüttenwerk Coalbroo dale 1777/1778 gegossen. 1779 wurde d Brücke dem Verkehr übergeben; seit 19 ist sie für Fahrzeuge gesperrt und ka nur noch von Fußgängern benutzt werde nach (1), (95), (96).

›2 Gußeiserne Brücke über das Strie-
›uer Wasser bei Laasan in Niederschle-
›en mit einer Spannweite von 12 m.
›it 1796 in Betrieb, wurde die Brücke
den 193oer Jahren ausgebaut und als
ulturdenkmal sichergestellt (1).

Ein ausgedehntes Verwendungsgebiet des Gußeisens war das Bauwesen (94). 1779 wurde in England die erste gußeiserne Brücke dem Verkehr übergeben (Bild 1o1). Sie gab dem Ort seinen Namen: "Iron-Bridge". Von Abraham Darby im benachbarten Coalbrookdale gegossen, tut sie noch heute ihren Dienst (95), (96). In schneller Folge errichtete man in England weitere Brücken, unter denen die Wear-Brücke, die von 6 flachgespannten Bögen von 73 m Länge getragen wurde, wohl zu den größten gußeisernen Bogenbrücken der Welt gehört. Thomas Telford (1757 bis 1834), einer der genialsten Brückenbauer Englands, baute um die Wende vom 18. zum 19. Jahrhundert gußeiserne Trogbrücken bis zu einer Länge von 3oo m. In Deutschland wurde die erste gußeiserne Brücke 1796 bei Laasan in Niederschlesien (96) nach englischem Vorbild errichtet (Bild 1o2). Die Brückenteile wurden in den Jahren 1794 bis 1796 auf dem Hüttenwerk in Malapane gegossen. Zuvor hatte auf Wunsch der preußischen Regierung

1o3 Aus Gußeisen bestehen die 6,5 m hohen Säulen und die Binder einer Form- und Gießhalle, die K.L. Althaus 1828 bis 183o in Sayn bei Koblenz für die damalige Königlich Preußische Hütte errichtete. Die Hütte wurde später von Krupp übernommen und 1927 stillgelegt, aber die gußeiserne Halle ist als Industriedenkmal erhalten (95), (99).

John Wilkinson (97) um 179o Schlesien bereist und dem Grafen von Reden Anregungen für die Modernisierung der Hütten und Gießereien gegeben. Sein 2o t schweres gußeisernes Grabmal hat er selbst gegossen.

Bei der neuen Bautechnik war wesentlich, daß man mit vorgefertigten Bauteilen arbeiten konnte. Diesen Vorteil machte sich auch der Industrie- und Hallenbau zunutze, der Gußeisen wegen seiner hohen Druckfestigkeit anstelle von Holz und Steinen einsetzte. Um die Feuergefahr zu vermindern, griff besonders die Textilindustrie zum Gußeisen als neuem Baustoff. 18o1 wurde in England eine Fabrik zur Verarbeitung von Baumwolle mit einer Gußeisenkonstruktion errichtet (98).

Ein bedeutendes Industriedenkmal auf deutschem Boden ist die gußeiserne Halle der ehemaligen Sayner Hütte in Bendorf bei Koblenz (Bild 1o3), die aus den Jahren 1828 bis 183o stammt. Die dreischiffige Gieß- und Formhalle überspannt eine Fläche von 24 x 43,3 m (95), (99).

1o4 Eisengußsäulen als tragende Bauelemente, aber auch zur Dekoration, wurden von manchen Eisengießereien bis zum Ende des 19. Jh. serienmäßig hergestellt; Beispiel aus dem Katalog des damaligen Königlich Württembergischen Hüttenwerks Wasseralfingen.

1o5 Gußeiserne Hallenträger wie die nach den Entwürfen von Schinkel (1833) in dem im 2. Weltkrieg zerstörten Neuen Museum Berlin (1o1) orientieren sich an antiken, aus Bronze gegossenen Vorbildern. Stahlträger stehen in der frühindustriellen Zeit noch nicht zur Verfügung.

Bis zum Ende des 19. Jh. wurden gußeiserne Säulen als tragendes, aber auch als dekoratives Element im Hochbau angewandt (1oo). Solche Säulen gehörten bei manchen Gießereien zum Serienprogramm (Bild 1o4). Gußeisen war Werkstoff für Deckenträger (Bild 1o5) (1o1) und fand darüber hinaus breite Anwendung für Balkonumrahmungen, Gartengitter und Fenster, vor allem in England und Nordamerika (Bild 1o8) (1o2).

Besonders Charleston und New Orleans sind für viele zauberhafte Beispiele bekannt geworden. Es gab sogar einen ausgesprochenen New-Orleans-Stil. Im 19. Jh. werden viele Hallenbauten und Gewächshäuser in Gußeisen ausgeführt, und der Höhepunkt ist der Kristallpalast der Londoner Weltausstellung 1851 (Bild 1o9).

Erwähnt sei auch die frühe Verwendung von Gußeisen im Bergbau; die ersten Grubenschienen waren aus Gußeisen (Bild 11o) (1o3), und schon im 18. Jh. wurden auch Tübbings aus Gußeisen für den Schachtausbau eingesetzt.

Anknüpfend an die Erfahrungen aus früheren Jahr-

1o6 Fenstervorsatz aus Gußeisen, Anfang 19. Jahrhundert., Suermondt-Museum, Aachen.

1o7 Eichen und Weintrauben - Motive aus Gußeisen in New Orleans.

a Rundes Balkongitter - New Orleans

1o8 Gußeiserne Ziergitter spielen in der Architektur des 19. Jh. eine große Rolle; bekannte Zentren in Amerika sind New Orleans, Louisiana und Charleston, Süd-Carolina (1o2).

b Verzierungen am St. John-Hotel in Charleston

110

109 In einer Bauzeit von weniger als einem Jahr erstellte Sir Joseph Paxton aus standardisierten Gußeisenteilen den Kristallpalast für die Londoner Weltausausstellung 1851 im Hyde-Park. Das Bauwerk wurde 1854 nach Sydenham versetzt und brannte 1936 ab.

o Gußeisernes Winkelschienengleis
ıer Grubenbahn aus dem Jahr 18oo in
dwales (1o3).

hunderten, setzte sich während der Industrialisierung der Bau von Wasserleitungen aus Gußeisen in voller Breite durch. Erleichtert wurde diese Entwicklung durch die rationellere Fertigung: ab Mitte des 18. Jh. wurden die Rohre im Kasten-Sandguß hergestellt. Besonders bemerkenswert ist eine Leitung für Salzsole von Berchtesgaden nach Reichenhall aus dem Jahre 1817. Vom 19. Jh. an wurden Gußrohrleitungen auch für den Transport von Gas und Öl benutzt. 1865 wird in Titusville/ USA die erste Erdöl-Pipeline aus Gußeisen mit einer Länge von rd. 8 km verlegt.

Der Eisenkunstguß des 19. Jahrhunderts

Bereits nach 15oo - also in der frühen Zeit des europäischen Eisengusses - verbanden sich Handwerk und Kunst bei der Herstellung von Kamin-, Taken- und Ofenplatten. Eine zweite Periode der künstlerischen Gestaltung von Eisenguß, besonders für Medaillen, Schmuck und Gedenkplatten, Statuen, Gebrauchsgegenstände, ja sogar für vielerlei Möbel, setzte gegen Ende des 18. Jh. ein (1o4) bis (112).

So, wie die erste Blütezeit des Eisengusses mit der Einführung des Hochofens zusammenhing, ist auch die zweite Blütezeit, in der der künstlerische Eisenguß eine große Rolle spielte, dem technischen Fortschritt zu verdanken. Dadurch, daß das Metall in Flamm-, Tiegel- oder zunehmend in Kupolöfen umgeschmolzen wurde, war der Gießer in der Lage, die Zusammensetzung des Eisens besser einzustellen als im Hochofen. In der Formtechnik nahm der Sandguß im Formkasten den ersten Platz ein.

111 Zu den frühen Beispielen vollplastischer Eisengüsse gehört die nach 18oo im sächsischen Lauchhammerwerk entstandene Gruftplatte für den Grafen Friedrich Hildebrand von Einsiedel in der Alten Kapelle zu Wolkenburg (1).

Eine Periode großartiger Bildgüsse nahm ihren Anfang, als 1784 das Gräflich Einsiedelnsche Eisenwerk Lauchhammer bei Cottbus/Sachsen mit dem Guß von Skulpturen begann (Bild 111). Mit dem sog. "Preußischen Eisenkunstguß" begann 1796 die Königlich Preußische Hütte in Gleiwitz (Bild 112). Ab 18o4 kam die neugegründete, hüttenunabhängige Königliche Eisengießerei in Berlin hinzu, und 1817 folgte Sayn.

Neben den schon erwähnten technischen Voraussetzungen für die neue Blüte des Eisenkunstgusses müssen auch die kunstgeschichtlichen Hintergründe gesehen werden: das schlichte Schwarz der Gußplastiken kam dem Stilempfinden des Klassizismus sehr entgegen. Wenn besonders die Berliner Erzeugnisse berühmt wurden und als "Berlin Iron" oder "Fer de Berlin" in der ganzen Welt begehrt waren, so nicht zuletzt deshalb, weil hier bedeutende Künstler am Werk waren. Besonders Karl-Friedrich Schinkel, Christian Rauch und Wilhelm Schadow lieferten Entwürfe, und tüchtige Gießereileute wie Wilhelm August Stilarsky bemühten sich um die Verbesserung der Form- und Gießtechniken.

Stilarsky lernte das Formerhandwerk in Gleiwitz und kannte von dort die Anwendung des Ausschmelzverfahrens für den Serienbildguß: nach dem Entwurf des Bildhauers wurde auf dem Umweg über einen Gipsabdruck ein Wachsmodell und danach ein zerlegbares Metallmodell, z.B. aus Bronze oder Messing, hergestellt. Dieses Modell wurde nachziseliert und in Sand abgeformt. So waren beliebig viele Abgüsse möglich, z.B. als König Friedrich Wilhelm III. die Ausstattung der Gerichte und Landratsämter mit seiner Portraitbüste verfügte.

112 Als erste der Königlich Preußischen Hütten in Gleiwitz, Berlin und Sayn nahm die Gleiwitzer Hütte 1796 die Produktion von Eisenkunstguß auf. Der Preis-Courant von 1847 nach Hintze enthält eine Fülle von Beispielen (1o9).

Fig.		Rtl.	sgl.	Fig.		Rtl.	sgl.	Fig.		Rtl.	sgl.
1.	Opferschaale . 9½" hoch 15" lang			4.	Fruchtschaale 4½" hoch 8" Dtr.			6.	Vaase . . 11" hoch 6" Dtr.		
2.	Räucherschaale 4½" " 7" "			8.	dto . 6" " 11" "			7.	dto . . 9" " 4¾" "		
3.	Ovale Schaale . 5" " 7½" "			5.	dto . . 6½" " 11" "			8.	Kunstschaale 7" " 15" "		

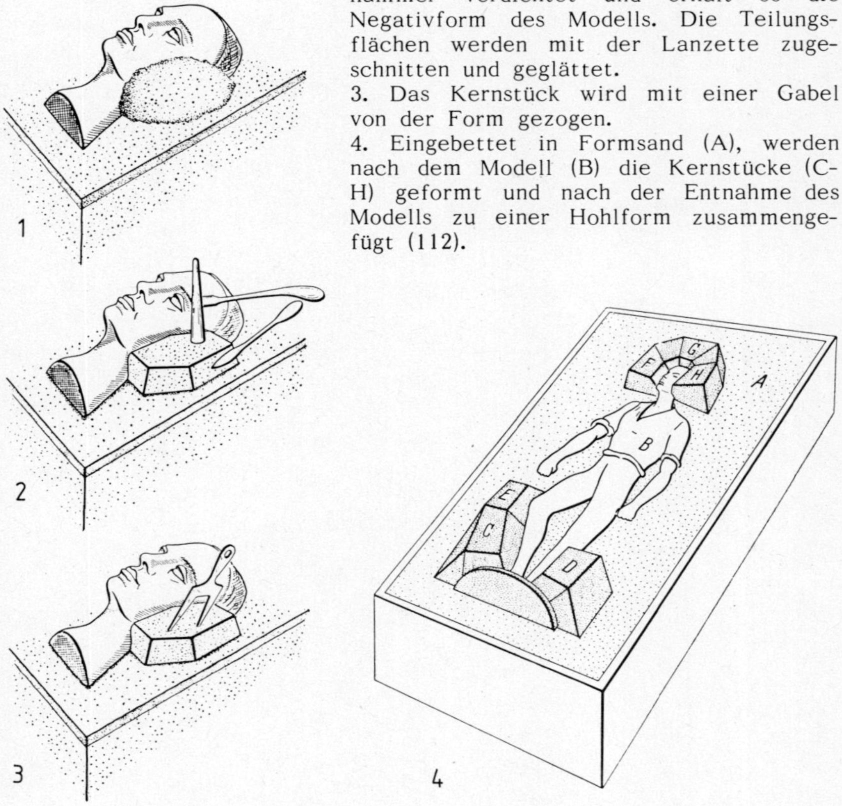

113 Nach dem Kernstück-Formverfahren wird die Bildguß-Form in Teilen nach einem Modell hergestellt:
1. Der Formsand für ein Kernstück wird an einen Teil des Modells geworfen.
2. Das Kernstück wird mit einem Holzhammer verdichtet und erhält so die Negativform des Modells. Die Teilungsflächen werden mit der Lanzette zugeschnitten und geglättet.
3. Das Kernstück wird mit einer Gabel von der Form gezogen.
4. Eingebettet in Formsand (A), werden nach dem Modell (B) die Kernstücke (C-H) geformt und nach der Entnahme des Modells zu einer Hohlform zusammengefügt (112).

114 Die patriotische Initiative "Go gab ich für Eisen" ging mit Beginn d Freiheitskriege (1813 bis 1815) von Pri zessin Marianne von Preußen und ihre Frauenverein aus.
Eine feine gußeiserne Brosche, der Original nur 3,8 x 5 cm groß ist, trä den Wahlspruch als Inschrift.
Selbst Trauringe werden aus Gußeis mit Datum in Goldauflage hergestellt.
Am 1o.3.1813 stiftete Friedrich Wi helm III. zu Breslau das Eiserne Kreu das nach der Idee des Königs und eine Entwurf von Schinkel von Beyersha modelliert wurde.
Sammlung Buderus AG - Kunstgießer Hirzenhain.

Ebenfalls für die Serienherstellung eignete sich das Kernstückformverfahren, das Stilarsky während seiner leitenden Tätigkeit in der Königlichen Eisengießerei in Berlin zunehmend anwandte. Dabei wird die nach einem Holz- oder Gipsmodell hergestellte Form, wie der Name sagt, aus einzelnen Kernstücken zusammengesetzt, so daß Hinterschneidungen leicht ausgeformt werden können (Bild 113).

Das hohe Ansehen des Berliner Kunstgusses ist sicher auch auf die hervorragende Oberfläche der Bildwerke zurückzuführen. Dabei hat wohl eine Rolle gespielt, daß in Berlin ein besonders guter natürlicher Formsand zur Verfügung stand. Die Gußoberfläche wurde noch verbessert, indem man eine Mischung aus Kienruß, Wachs und Leinöl auf den Gußstücken einbrannte.

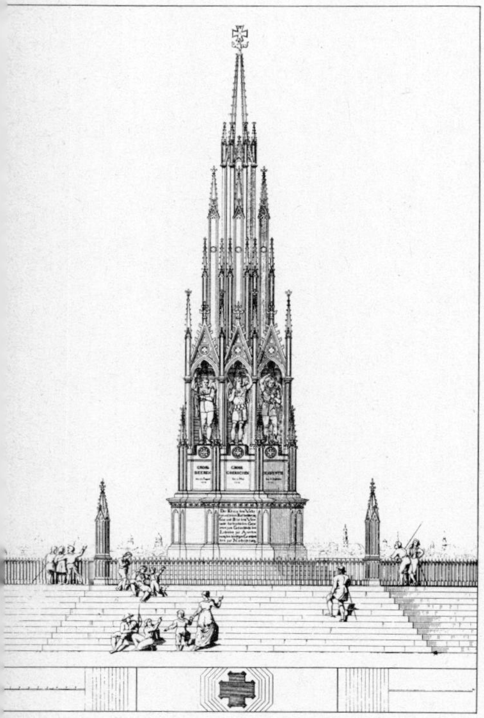

15 Das Kreuzberg-Denkmal in Berlin urde 1821 auf dem Tempelhofer Berg um Gedenken an die Gefallenen der efreiungskriege eingeweiht. Nach einem ntwurf von Schinkel wurde das Denkmal on Rauch, Tieck und Wichmann gestaltet nd bei der Königlichen Eisengießerei Berlin gegossen. Das 12o t schwere nd 19 m hohe Monument wurde im . Weltkrieg zerstört und wird seit Beginn er 8oer Jahre restauriert.

So entstand ein schwarzer, rostbeständiger Überzug.

Neben der Würdigung des technischen Fortschrittes und der klassizistischen Vorliebe für das schlichte, geschwärzte Metall machte noch etwas anderes den Eisenguß hoffähig: die Notlage der Freiheitskriege 1813 bis 1815. Das "Eiserne Kreuz" wurde von Friedrich Wilhelm III. als Auszeichnung gestiftet; "Gold gab ich für Eisen" - ein Leitwort, das selbst für Eheringe galt (Bild 114). Nach 1815 wurde zu Ehren der Gefallenen auf dem Kreuzberg in Berlin ein 12o t schweres Denkmal in Form eines gußeisernen Kirchturms errichtet (Bild 115).

Ein bekannter Juwelier hat besonders zur Verbreitung des gußeisernen Schmucks beigetragen: Johann Conrad Geiß (1772-1848) aus Offenbach, der sich dann in Berlin niederließ. Er ließ seine Teile (Bild 116) zunächst in den Königlich Preußischen Gießereien in Gleiwitz und Berlin gießen, unterhielt jedoch später auch eine eigene Gießerei.

Einen vortrefflichen zeitgenössischen Überblick über die Berliner Eisenbijouterieindustrie gibt ein Aufsatz aus der Spenerschen Zeitung von 1837 (113) über die neue Gießerei von Geiß, indem davon die Rede ist, daß "die neu entstandene Privatgießerei sich nicht auf das bisher fabricirte beschränkte, sondern nach eigenen Modellen jene schönen durchbrochenen Arbeiten liefert, die zur Anfertigung von Colliers, Bracelets, Diademen und Ohrgehängen verwendet werden konnten, und bald zu einem ansehnlichen Handelsartikel sich aufschwangen. - Die Feinheit, Zierlichkeit und gefällige Zeichnung dieser Bijouterien, wozu sich vorzüglich die aus der gothischen Architektur entlehnten Verzierungen passend zeigten, ist bekannt, weniger die Werthsteigerung, welche das rohe Material, das Gußeisen, durch diese Verarbeitung erhielt. ..ein centner Gußeisen, das man zu je zwei Thalern rechnen kann, wurde in den Fabriken der Herren Geiß und Devaranne zu je 1ooo, ja bis zu 88ooo einzelnen Bijouterie-Stücken verarbeitet, die einen Verkaufswerth von 2ooo bis beinahe 2oooo Thlrn. erreichten. Einen größeren Triumph

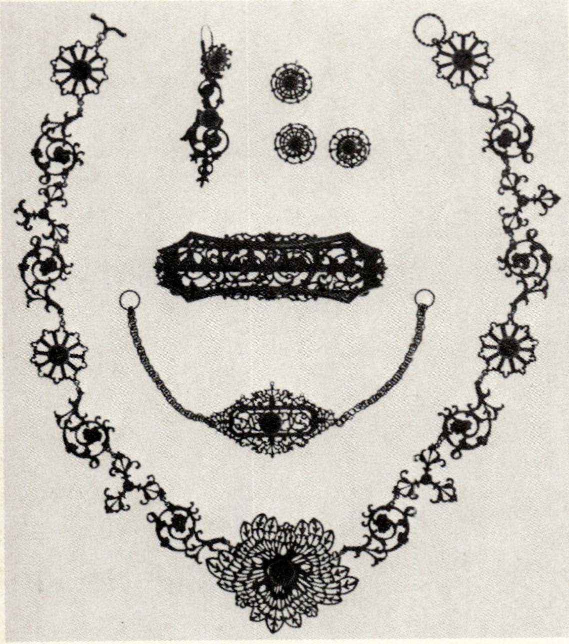

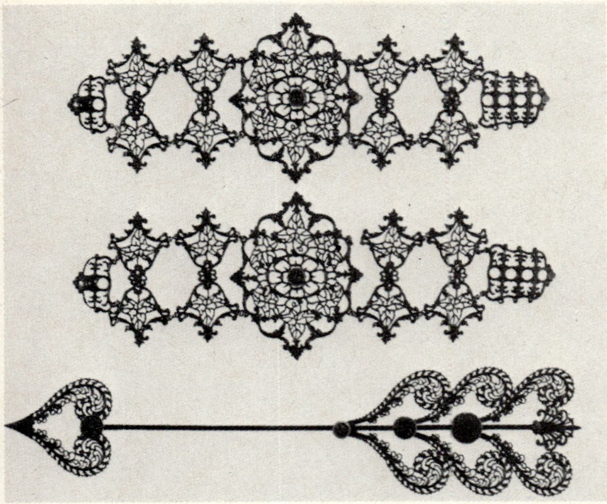

GEISS

A

BERLIN

116 Als Berliner Eisen oder "fer de berlin" wurde gußeiserner Schmuck bekannt, dessen hervorragenster Vertreter der aus Offenbach stammende Berliner Juwelier Johann Conrad Geiß war. Geiß legte 181o ein kleines Lager an Eisen-Bijouterien an, die großen Beifall fanden. Der klassizistische Zeitgeist, die "altdeutsche" Mode mit Anlehnungen an spanische und englische Elemente und die Freude an dem neuen, so präzise vergießbaren Metall ließen die Nachfrage schnell steigen. In Lieferschwierigkeiten gekommen, eröffnete Geiß eine eigene Gießerei. Bald gab es 27 private Bijouterie-Eisengießereien in Berlin. Auch Schinkel beteiligte sich mit Entwürfen, und der Tiroler Bildhauer Leonhard Posch (175o bis 1831) war einer der bedeutensten Modelleure.

117 Sehr beliebt waren die gußeisernen Neujahrsplaketten, die die Königlich Preußische Eisengießerei in Berlin von 1805 1845 herausbrachte. Die Neujahrsplakette 1816 wurde aus Anlaß des Besuchs des russischen Zaren Alexander I. mit dessen abgekürztem Namenszug und dem des preußischen Königs Friedrich Wilhelm III. versehen. Die Plakette zeigt Erzeugnisse der Gießerei.
Sammlung Verein Deutscher Eisenhüttenleute, Düsseldorf.

117

c

a

b

118

118 Gußeiserne Möbel erfreuten sich im frühen 19. Jh. großer Beliebtheit und wurden in vielen Kunstgießereien hergestellt, vor allem in Berlin und Wasseralfingen. Rauchtisch a und Stuhl b entstanden um 185o im Königlich Württembergischen Hüttenwerk Wasseralfingen (1). Der englische Kleiderständer c entstand etwa zur gleichen Zeit.

9 Eine gußeiserne Plakette zeigt
s Königlich Württembergische Hütten-
rk Wasseralfingen um 185o, als dort
r Kunstguß in Blüte stand.

o Gußeisernes Armband (Gesamtlän-
185 mm, Breite 43,5/5o,1 mm, Ge-
cht 43 g), um 183o. Sammlung
derus AG, Kunstgießerei Hirzenhain.

konnte der vaterländische Gewerbefleiß schwerlich bei der Werthsteigerung eines an sich so wenig werthvollen Materials feiern."

Zu den Königlich Preußischen Gießereien gehörte ab 1815 auch die 1769 vom letzten Trierer Kurfürsten gegründete Sayner-Hütte. Auch sie übernahm nun den Eisenkunstguß und stellte auch gußeiserne Glocken her. Die Königlich Preußischen Gießereien in Gleiwitz, Berlin und Sayn haben häufig ihre Modelle ausgetauscht, so daß es heute oft schwer ist, historische Gußstücke einer bestimmten Gießerei zuzuordnen. Daneben haben sich in Berlin und auch an anderen Orten noch zahlreiche Gießereien mit dem Eisenkunstguß im Berliner Stil beschäftigt. Beliebte Objekte waren Neujahrskarten aus Gußeisen (Bild 117), Zierteller und gußeiserne Kleinmöbel, z.B. für Wintergärten und Parkanlagen.

Derartige Teile (Bild 118) wurden auch meisterhaft vom Königlich Württembergischen Hüttenwerk in Wasseralfingen gegossen (Bild 119), dessen Motive für durchbrochenen Wandschmuck und Ofenverzierungen abweichend von der Berliner Schule stark von den Bildhauern Georg Conrad Weidbrecht (1796 bis 1836) und Christian Plock (18o9 bis 1882) nach Szenen aus dem täglichen Leben beeinflußt wurden. Schwerpunkte des Eisenkunstgusses waren weiter die Carlshütte zu Rendsburg und die Ilsenburger Hütte im Harz. In Hirzenhain ist damals nur wenig Kunstguß erzeugt wurden; erst durch die Initiative der heutigen Buderus AG nach dem letzten Weltkrieg nahm Hirzenhain die Tradition des Eisenkunstgusses wieder auf.

Nach 185o war das Interesse für den Eisenkunstguß wegen des geänderten Stilempfindens deutlich zurückgegangen; dazu haben sicher auch die Übertreibung der Ornamentik und die Qualitätseinbuße durch schlechte Nachgüsse, meist Raubgüsse, beigetragen. Am Montag, dem 5. Januar 1874 wurde in der Königlichen Eisengießerei Berlin zum letzten Mal gegossen.

a

b

121 Die Gaskraftmaschine a von Otto und Langen aus dem Jahre 1867 (o,5 PS, 8o U/min; Klöckner-Humboldt-Deutz-Museum, Köln) und der Versuchsmotor b von Rudolf Diesel aus dem Jahre 1893 (MAN-Werksmuseum, Augsburg) läuteten mit dem Zeitalter der Motorisierung einen völligen Strukturwandel in der Anwendung von Gußwerkstoffen c ein.

c Gußteile für den Kraftfahrzeugbau

Vom Kunst- und Bauguß zum Industriewerkstoff

In der zweiten Hälfte des vorigen Jahrhunderts wandelten sich die Anwendungsbereiche der Eisengußwerkstoffe grundlegend (114). Nach neuen leistungsfähigen Stahlerzeugungsverfahren (Bessemer, Siemens-Martin-, Thomas-Verfahren) und verbesserten Walzwerkstechniken wurden Träger und Stützen aus Stahl dimensionsgerechter und wirtschaftlicher als aus Gußeisen hergestellt. Aufgrund der höheren Festigkeitswerte konnten Stahlkonstruktionen dünnwandiger und leichter sein. Deshalb ging der Einsatz von Gußeisen im Bauwesen deutlich zurück. Auch gußeiserne Haushaltsgeräte und Kochgeschirre wurden immer mehr durch billigere Ausführungen aus gepreßtem oder geschweißtem Stahlblech ersetzt.

Neue Anwendungsgebiete erhöhten dennoch den Gußbedarf und ließen die Erzeugung in allen Industrieländern steigen. Auch die stürmisch sich entwickelnde Stahlindustrie benötigte große Mengen an Eisenguß, vor allem Kokillen für das Gießen der Stahlblöcke und Walzen für die Warm- und Kaltverformung dieser Blöcke. Die Wasserleitungsnetze wurden allenthalben ausgebaut, und hier konnten sich Gußrohre infolge der Korrosionsbeständigkeit der Gußhaut erfolgreich gegenüber Stahlrohren behaupten. Massenartikel wie Fittings, Tür- und Fensterbeschläge, Schloßteile und Schlüssel wurden Hauptanwendungsgebiet von Temperguß.

Durch die nach 1850 stärker einsetzende Mechanisierung bekamen die Eisengußwerkstoffe erhöhte Bedeutung für den gesamten Maschinenbau. Wichtige Teile der neuentwickelten Arbeits- und Kraftmaschinen waren aus Eisen-, Temper- und Stahlguß. Als 1867 Otto und Langen ihre Gaskraftmaschine bauten (Bild 121) und Rudolf Diesel 1893 mit seinem ersten Versuchsmotor folgte, waren die Weichen für die Entwicklung des Kraftfahrzeugbaus gestellt, der heute mehr als ein Drittel der gesamten Eisengußerzeugung aufnimmt.

d Motorblock

nach der Natur gezeichnet und gest. von F.A. Calau in Berlin.

Die Königliche - Eisengießerei
vor den Oranienburger Thore bei Berlin.

Mitteldeutsche Eisenwerke in alter Zeit*

122 Die Königliche Eisengießerei in Berlin (Stich von F.A. Calau) entstand nach 1803 als eine der ersten selbständigen, hüttenunabhängigen Eisengießereien an der Panke vor dem Oranienburger Tor, wo schon im 16. Jh. eine kurfürstliche Schleif- und Poliermühle arbeitete. Zahllose schöne Beispiele ihres Eisenkunstgusses sind im letzten Krieg verloren gegangen und unersetzlich: Die meisten Modelle fielen in den Bürgerkriegsunruhen 1848 einer Brandstiftung zum Opfer.
122 1874 wurde der Betrieb eingestellt. An der Stelle der alten Gießerei stehen heute das Museum für Naturkunde, die Geologische Landesanstalt und die Landwirtschaftliche Hochschule.

*Aus: Wilhelm Salewski: "Mitteldeutsche Eisenwerke in alter Zeit", Holzminden.

Nach der Natur aufgenomen im October 1824. v Pirscher

Herzogl: Braunschweig: Eisenhüttenwerk zu Zorge.

123 Zorge hat eine lange Geschichte der Eisengewinnung. Am 1. September 1188 bestätigte Kaiser Friedrich I. dem Kloster Walkenried die "Hütten am Harzwalde". Nach wechselhaftem Schicksal wurde 1571 am Staufenberge ein neues Werk eingerichtet, die "Untere Eisenhütte", die Ende des 18. Jh. zu den Herzoglich-Braunschweigisch-Lüneburgischen Eisenhütten des Stiftsbereiches Walkenried gehörte. 1867 ging sie an die von einer Kölner Firma gegründete Aktiengesellschaft Harzer Werke zu Rübeland und Zorge über.

Lith. v. W. Eichold Clausthal — C. Eck sc.

Königshütte.

Druck u. Lithographie v. W. Eichold Clausthal — C. Eck sc.

Lerbacher Eisenhütte.

Lith. u. Druck v. W. Eichold Clausthal — C. Eck sc.

Sollinger Hütte.

124 Die Königshütte zu Lauterberg wurde 1733 als Kurfürstlich-Braunschweig-Lüneburgische Eisenhütte gegründet und hatte an gleicher Stelle schon mehrere Vorgänger, wahrscheinlich bis zur Corneliushütte, die bereits 1579 erwähnt wird. Ende 182o wurde die damals größte Hochofenanlage des Harzes im gotischen Stil gebaut und mit Kolbengebläse ausgerüstet. Der Kunstguß der Königshütte war weithin bekannt.

125 In Lerbach war möglicherweise schon vor der Errichtung des Hochofens von Grund (Ende des 15. Jh.) ein Hochofen in Gang. Der 3ojährige Krieg unterbrach vermutlich die Eisengewinnung, die um 1785 durch Berghauptmann von Reden wieder aufgenommen worden sein soll. Der Gießereibetrieb wurde später mit Kupolöfen ausgestattet.

126 In der Sollinger Hütte wurde schon 1797 ein kleiner Kupolofen aufgestellt, der der Vorreinigung des zum Frischen bestimmten Roheisens dienen sollte. Zwar wurde er zwei Jahre später wieder abgerissen, weil der Betrieb mit Holz oder Holzkohle sich nicht durchführen ließ, aber der Anfang war gemacht. Noch im Jahre 1939 wurden in der Sollinger Hütte an der Ahle bei Uslar 2.5oo t Bessemer Stahl erzeugt.

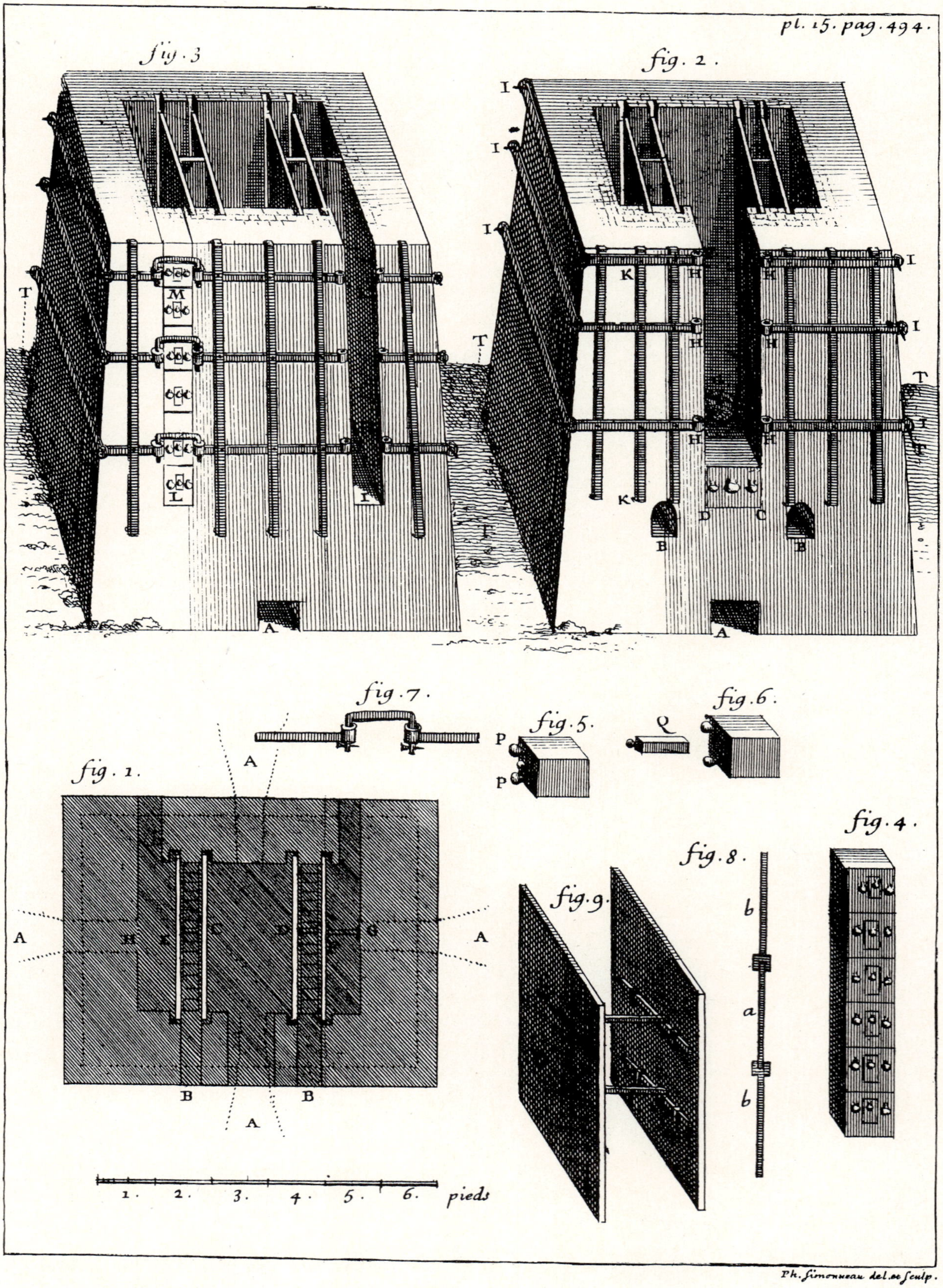
pl. 15. pag. 494.
fig. 3
fig. 2.
fig. 7.
fig. 5.
fig. 6.
fig. 1.
fig. 4.
fig. 8.
fig. 9.
1. 2. 3. 4. 5. 6. pieds
Ph. Simonneau del. et Sculp.

6. SCHWERPUNKTE DER WERKSTOFFENTWICKLUNG

Im Grunde ist die Geschichte der Schmelz-, Form- und Gießverfahren von der Entwicklung der Gußwerkstoffe nicht zu trennen. Gold kommt in der Natur als Metall vor: Grund für seine frühe Verwendung. Bei den Erzen entscheidet die Festigkeit der Bindung des Metalls an Sauerstoff, die Sauerstoffaffinität, darüber, ob sie leicht oder schwer zu reduzieren sind. Die Temperatur der Metallgewinnung und die Höhe des Schmelzpunkts wiederum bedingen eine entsprechende Feuerfestigkeit der Schmelzgefäße und Formen. Durch das Legieren verschiedener Metalle erniedrigt sich der Schmelzpunkt und verbessern sich in der Regel die Vergießbarkeit und die mechanischen Eigenschaften des fertigen Werkstoffs. Das Werkstoffgefüge kann dann nach dem Gießen durch Wärmebehandlung noch verändert werden. All diese Zusammenhänge sind in der Entwicklung der Schmelz-, Form- und Gießtechnik enthalten und haben sie ermöglicht. An vielen Stellen wurden Herstellung, Zusammensetzung und Eigenschaften der geschichtlichen Grundwerkstoffe Bronze und Gußeisen behandelt. Darüber hinaus erscheint es sinnvoll, die Besonderheiten und Schwerpunkte der Werkstoffentwicklung aus der allgemeinen Darstellung der Form- und Gießtechnik herauszuheben.

Temperguß und Hartguß

Die Geschichte der Wärmebehandlung - des Temperns - von Gußeisen zur Verbesserung der Festigkeitseigenschaften läßt sich weit zurückverfolgen; sie ist aber nur teilweise erforscht (115) bis (117).

Nach heutigem Wissen liegen die Ursprünge in China. Aus der Han-Zeit - etwa 2oo v. Chr. bis 2oo n. Chr. - sind große Mengen gußeiserner Werkzeuge und Ackergeräte gefunden worden, die durch weichmachendes Glühen bei Temperaturen über 9oo °C eine sehr gute Schlag-

27 Die erste Beschreibung eines Temerofens zum Weichglühen spröden Gußsens mit weißem Bruchgefüge beschreibt 722 Réaumur.
ig. 1: Grundriß; Fig. 2: Vorderansicht it Beschickungsöffnung für den mittren Glühraum; Fig. 3: Rückansicht it Beschickungsöffnung für die seitlichen lühräume; Fig. 4; Fig. 5: Verschlußeine mit Griffen (siehe auch L; M); ig. 6: Verschlußstein mit herausgenomenem Stopfen Q; Fig. 7: Verschlußklamer; Fig. 8: dreiteilige Zwischenplatte; ig. 9: Verbindung zweier Zwischenatten (118).

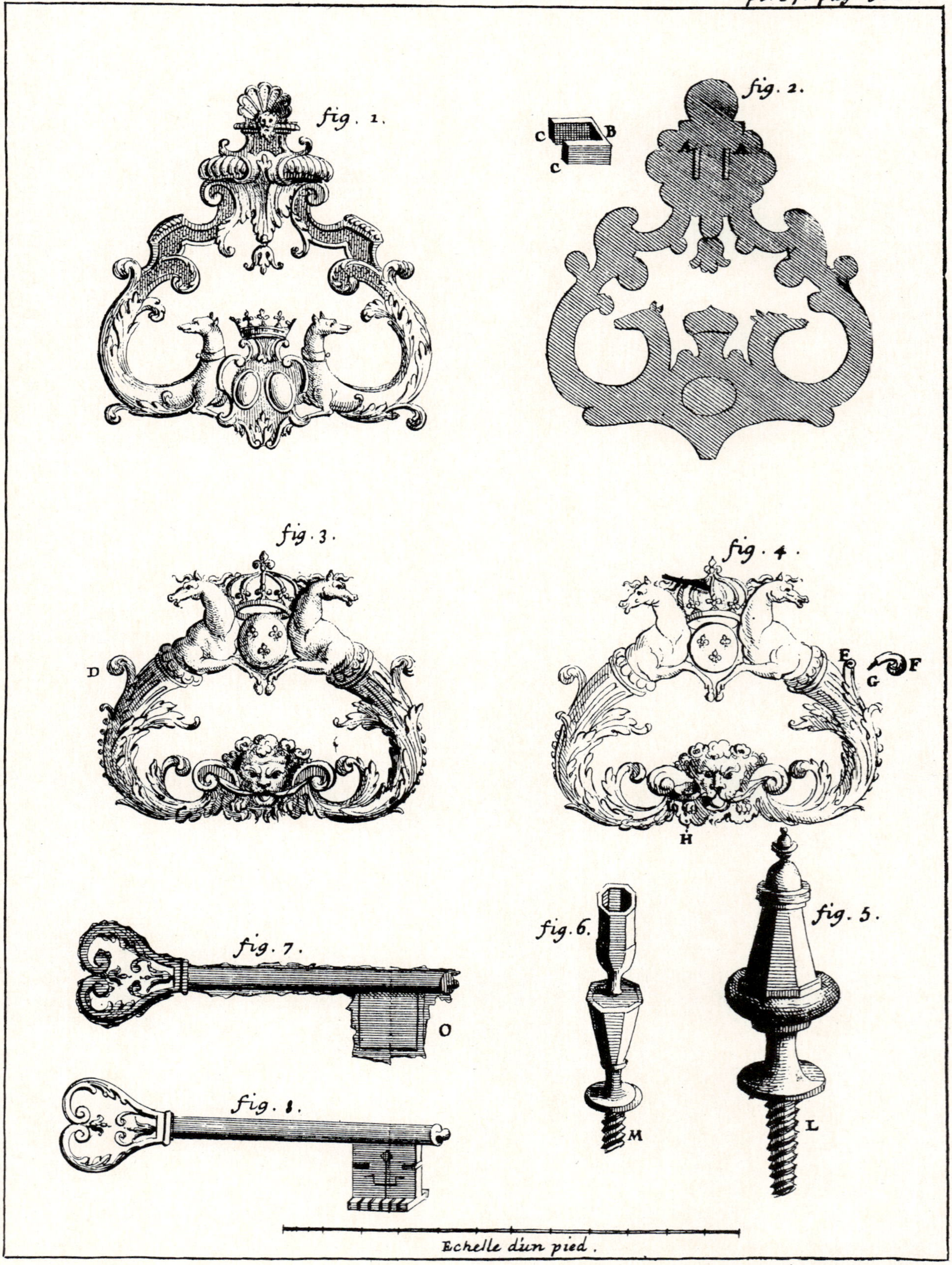

Ph. Simonneau del. et Sculp.

festigkeit erhalten hatten: der Temperguß - als Sand- und Kokillenguß - war schon einmal erfunden (vgl. Teil 3).

Auch die Geschützkugeln aus der frühen europäischen Eisengußerzeugung nach 14oo sind, in Kokille gegossen, meist geglüht und überschmiedet worden (vgl. Teil 4). Aber zum zweiten Mal scheinen diese Erkenntnisse keine weiteren Folgen gehabt zu haben. Auch über die unmittelbaren Auswirkungen verschiedener englischer Patente zur Wärmebehandlung von Gußeisen, die 163o David Ramsey und 167o/72 Ruprecht von der Pfalz erteilt worden sind, ist nichts überliefert.

Der französische Naturforscher René Antoine Ferchauld de Réaumur (1683 bis 1757) scheint erfolgreicher gewesen zu sein. Er hinterließ einen Bericht (118) über das "Adoucieren", das Tempern von Gußstücken in pulverisiertem Eisenerz. Die dazu genutzten Temperöfen (Bild 127) und die hergestellten Gußstücke (Bild 128) sind hervorragend beschrieben. Réaumur machte sogar Gefügebeobachtungen, war aber aufgrund des damaligen Standes der Metallurgie nicht in der Lage, die Vorgänge bei der oxidierenden Wärmebehandlung als Entkohlung richtig zu deuten. Niemand kann erklären, weshalb die Herstellung von Temperguß in größerem Stil praktisch erst 1oo Jahre später aufgenommen worden ist.

Die industrielle Fertigung von Temperguß begann in England zu Beginn des 19. Jahrhunderts. Um die Ausbreitung englischer Erfahrungen haben sich auf dem Festland besonders der Schweizer Johann Conrad Fischer (1773 bis 1854) und in Nordamerika Seth Boyden (1788 bis 187o) verdient gemacht.

Die weichmachende Auswirkung eines mehr als 1oo Stunden dauernden Glühens von sprödem Gußeisen, dessen Bruchgefüge einen weißen Glanz hatte, war viel eher bekannt als der Vorgang, der sich bei der Gefügeänderung abspielte. Der im Rohzustand als Eisencarbid gebundene Kohlenstoff des Gefüges wurde beim Glühen in einer oxidierenden Atmosphäre, z.B. in Erz, allmählich aus dem Gefüge entfernt. Durch dieses "Diffusions-

8 Türklopfer, mit Gewinde versehene schläge und Schlüssel gehören zu n ersten, von Réaumur 1722 beschriebenen Tempergußteilen (118).

glühen" nimmt der Temperguß dem Schmiedeeisen ähnliche Eigenschaften an. Das so entkohlte Eisen wurde dann aufgrund seiner hellen Bruchfläche als weißer Temperguß bezeichnet, da dieses Verfahren in Europa verbreitet war, hieß er auch europäischer Temperguß. Im Gegensatz dazu hat der von Boyden in Amerika entwickelte amerikanische oder schwarze Temperguß ein dunkles Bruchgefüge: der Kohlenstoff wurde beim Glühen in neutraler Atmosphäre überwiegend nicht aus dem Gefüge entfernt, sondern lediglich aus der gebundenen Form des Eisencarbids in die freie Form des Graphits überführt. Die sich bildenden Graphitknötchen unterbrechen das Gefüge weniger als die Graphitlamellen des Gußeisens, und deshalb ist auch der schwarze Temperguß duktil.

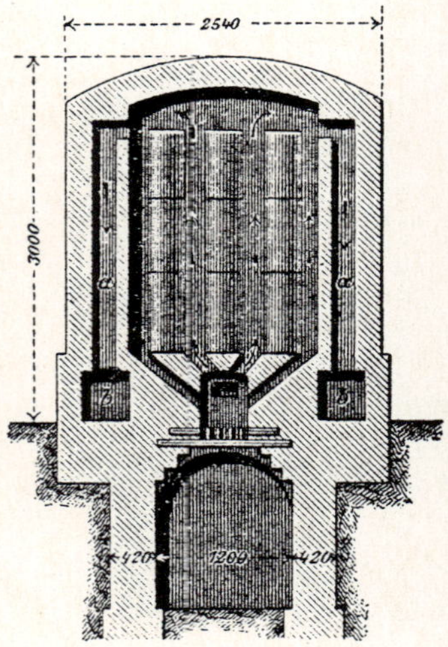

Temperguß wurde schon gegen Mitte des vorigen Jahrhunderts in zahlreichen deutschen Gießereien hergestellt. Die Erzeugung erstreckte sich zunächst auf kleine Teile der verschiedensten Art, die bis dahin als Domäne der Kleinschmiede gegolten hatten. Erst viel später wurde der Werkstoff Temperguß auch für hochbeanspruchte Konstruktionsteile, z.B. im Landmaschinen- und Fahrzeugbau, bevorzugt.

Der sorgfältigen Steuerung des Temperprozesses galt viel Aufmerksamkeit. Adolf Ledebur (119) beschreibt in seinem "Handbuch der Eisen- und Stahlgießerei" unterschiedliche Typen alter Temperöfen (Bild 129). Für große Durchsatzleistungen haben sich anstelle der Hauben- und Kammeröfen heute weitgehend automatisierte Durchlauf- und Hubwagenöfen mit kontrollierter Atmosphäre (Gastempern) durchgesetzt.

Als Hartguß wird ein Werkstoff bezeichnet, der in der chemischen Zusammensetzung dem Temperrohguß, also dem Gefügezustand vor dem Glühen, entspricht.

Auch die Hartgußherstellung ist von England ausgegangen. Nach Anzeigen einer Londoner Eisengießerei, die Walzen herstellt, geht sie auf das Jahr 17oo zurück (12o). Die Bristol Iron Foundry hat im Jahre 1764 Kokillen-Hartgußwalzen hergestellt, jedoch ist nicht verzeichnet, seit wann. Die ersten Hartgußwalzen in Deutschland wurden 1822 in der Königlichen Eisengie-

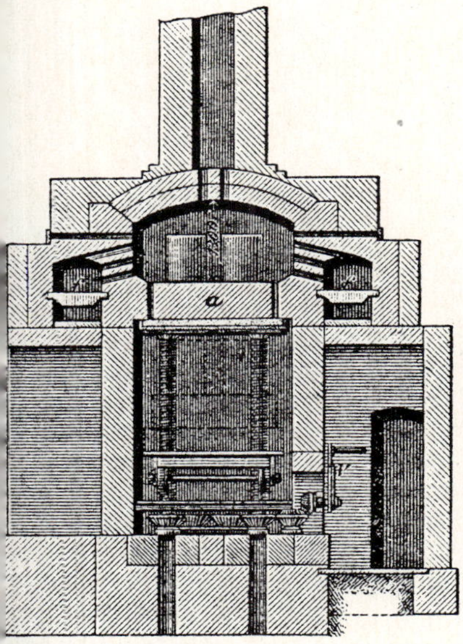

29 Zwei bemerkenswerte Temper-
fen-Typen beschreibt A. Ledebur in
einem "Handbuch der Eisen- und Stahl-
ießerei". Dazu gehört ein Hubofen,
ei dem die Plattform mit den eisernen
'empertöpfen, in denen sich Erz und
;ußstücke befinden, mit Hilfe großer
pindeln von einem Transportwagen ab-
ehoben und in die erhöht angeordnete
)fenkammer eingefahren wird. Die Spin-
eln wurden von Pferden über ein Göpel-
/erk angetrieben (119).

ßerei in Berlin gegossen (121). In dieser Gießerei führte Formermeister Erhardt 1931 den seither bewährten tangentialen Anschnitt, wie die Gießer den Einlauf für das Eisen nennen, ein. Ein Jahr später ist man durch Versuche zu der Erkenntnis gekommen, daß zylindrische Kokillen sich am besten als Formen für Hartgußwalzen eignen. Im Hüttenwerk Königsbronn in Württemberg begann die Herstellung von Hartgußwalzen und Eisenbahnrädern mit abgeschreckter Lauffläche 184o, während in England Hartgußräder schon im Jahre 1826 gegossen worden sein sollen.

Stahl - in Formen gegossen

Vor 3ooo Jahren begann die Eisenzeit, und das kohlenstoffarme Eisen aus der Frühzeit war schmiedbarer Stahl. Stahlluppen wurden immer im teigigen Zustand gewonnen. Nur wenn das Eisen Kohlenstoff aufnahm, wurde es als Gußeisen flüssig.

Erst im Jahre 174o gelang es dem Engländer Huntsman, im Tiegel Stahl zu schmelzen. Der hochfeuerfeste Tiegel bestand aus Ton, der später mit Graphit versetzt wurde. Damit hatte das Zeitalter des Flußstahls begonnen. Der Tiegelstahl wurde zu kleinen Blöcken gegossen, die ausgeschmiedet werden konnten. Es hat aber noch weitere 1oo Jahre gedauert, bis man den flüssigen Stahl auch in Formen gießen konnte.

Der Stahlformguß wurde erst durch Verwendung eines geeigneten feuerfesten Formstoffs möglich. Schamotte, gebrannte Tonerde, hielt der um 2oo bis 3oo°C gegegüber Gußeisen höheren Gießtemperatur des Stahls stand und hatte dabei noch eine genügende Gasdurchlässigkeit (122). Notwendig war auch eine geeignete feuerfeste Schlichte, die das Eindringen von Metall in den Formstoff verhinderte.

Der Stahlformguß wurde zweimal erfunden: unabhängig voneinander hatten Jacob Mayer (1813 bis 1875) in Bochum nachweislich im Jahr 1841 und Johann Conrad Fischer (1773 bis 1854) in Schaffhausen im Jah-

13o Zu den ersten Stahlgußstücken gehören Glocken. Mit der Ausstellung dreier Stahlgußglocken auf der Pariser Weltausstellung 1855 erreichte Jacob Mayer die Anerkennung des Stahlformgusses. Die Glocken entstanden in der Firma Mayer & Kühne, der Vorläuferin des "Bochumer Vereins". Auch die 15 t schwere Glocke (Dmr. 3,13 m) vor dem Bochumer Rathaus wurde 1867 dort gegossen und auf einer Pariser Weltausstellung gezeigt.

131 Ein wichtiger Anwendungsbereich des Stahlformgusses war immer die Energietechnik. Die strömungstechnisch idealen Formen für Turbinenlaufräder sind wirtschaftlich nur durch Gießen zu erzeugen. Einteilig gegossenes Peltonrad mit 5o7o mm Durchmesser für das Wasserkraftwerk "Sysima", Gewicht 37 t; Werkstoff G-X 5 CrNi 13 4. Das Rad gehört zu einem Satz von Turbinen, von denen jede mit 313 MW (425ooo PS) die bisher höchste Einzelleistung hat.

re 1845 mit ihren Versuchen Erfolg, kleinere Stahlgußstücke in Formen zu gießen (123). Als eigentliche Geburtsstunde des Stahlgusses gilt aber das Datum des Patentgesuches von Jacob Mayer, der 16. Dezember 1851. Mit diesem Patent sind die Grundlagen für die industrielle Fertigung gegeben.

Die ersten Stahlformgußstücke wurden mit Mißtrauen betrachtet: kleine Zahnräder aus Schaffhausen und Glocken aus Bochum (Bild 13o). Man hielt es nicht für möglich, Stahl in Formen zu gießen. 1855 führte Jacob Mayer auf der Pariser Weltausstellung drei Glocken aus Gußstahl vor. Erst als eine dieser Glocken zerschlagen wurde und es sich zeigte, daß der Werkstoff zu schmieden war, verstummten die Zweifler.

Anfänglich goß man Stahlformguß aus Tiegelöfen, später aus Siemens-Martin-Öfen oder Kleinkonvertern. In der neueren Entwicklung haben sich elektrisch beheizte Öfen durchgesetzt, wobei gegebenenfalls eine Argon-Sauerstoff-Behandlung der Schmelze im Elektroofen oder im Konverter nachgeschaltet wird.

Nachdem der Beweis für die Herstellbarkeit von Stahlformguß erbracht war, kam es wegen der hohen Festigkeit und Dehnung des Werkstoffs, die durch Legierungselemente noch gesteigert werden können, schnell zu einer breiten Anwendung, z.B. für die Energietechnik (Bild 131), für den Maschinenbau und für Fahrzeugteile. Als Glockenwerkstoff hat Stahlguß nur noch historische Bedeutung.

Vom Gußeisen zum Gußeisen mit Kugelgraphit

Bis zur Mitte des 19. Jh. wurde Gußeisen praktisch ausschließlich nach dem Bruchaussehen beurteilt und als grau, meliert oder weiß bezeichnet. Nur vereinzelt gab es damals schon Festigkeitsuntersuchungen. Wichtige Fortschritte für die Qualitätskontrolle von Gußeisen ergaben sich erst in der 2. Hälfte des 19. Jh. durch die Möglichkeiten der chemischen Analyse und der Gefügebeobachtung mit dem Mikroskop (124). Bis dahin hatte

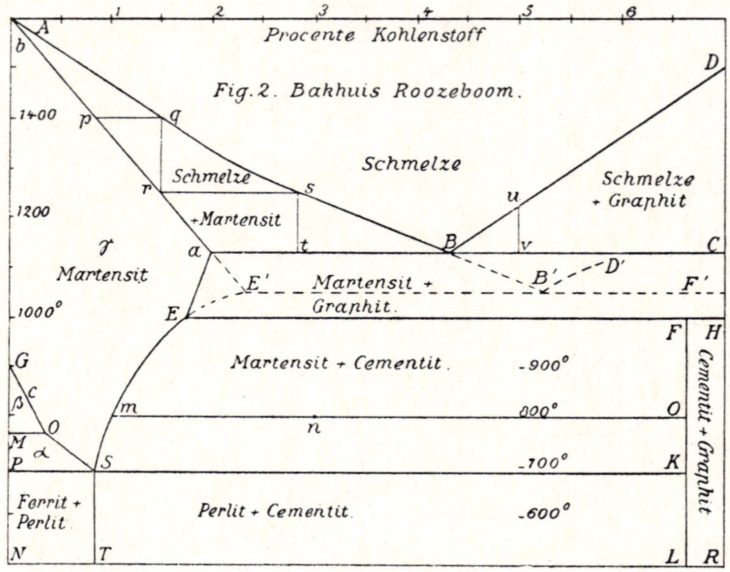

132 Mit der Aufstellung des erst
Eisen-Kohlenstoff-Zustandsschaubilds durc
B. Roozeboom in der Zeitschrift f
Physikalische Chemie 1900 ordnet
sich die Vorstellungen über die Vorgän
beim Erstarren von Stahlguß, Temperg
und Gußeisen, deren charakteristisch
Unterschied der Kohlenstoffgehalt i
Oberhalb der obersten Linien, der Liq
duslinien, ist der Werkstoff flüssig. Unte
halb der darunter befindlichen Solidu
linien ist die Erstarrung abgeschloss
Zwischen Liquidus- und Solidus-Lir
existieren feste Kristalle und flüssi
Schmelze nebeneinander. Bei Abkühlu
des erstarrten Werkstoffs ändert si
das Gefüge entsprechend dem weiter
Verlauf der Soliduslinie und der Gleichg
wichtslinien, die darunter liegen.

man das Gußeisen eigentlich nur durch Erhöhung des Phosphorgehaltes im Hinblick auf eine einzige seiner charakteristischen Eigenschaften, die Gießfähigkeit, weiter entwickelt. Erst als man den Gehalt an Kohlenstoff und Silicium analytisch bestimmen und systematisch Gefügebeobachtungen machen konnte, wurden die Einflüsse klar erkannt, die der Kohlenstoff- und Siliciumgehalt auf die Schmelztemperatur und die Graphitausscheidung haben.

Die Aufstellung des Eisen-Kohlenstoff-Zustandsschaubilds (Bild 132) als Ergebnis theoretischer Untersuchungen um 1900 war eine wesentliche Grundlage für die Verbesserung der Eisenwerkstoffe. Neben der chemischen Zusammensetzung wurde die Bedeutung der von der Wanddicke des Gußstücks abhängigen Abkühlungsgeschwindigkeit für die Festigkeitseigenschaften von Gußeisen erkannt. Diese Abhängigkeiten wurden in Diagrammen dargestellt und führten zusammen mit Gefügeuntersuchungen zu der Erkenntnis, daß Gußeisen nichts anderes ist als Stahl mit eingelagerten Graphitlamellen, die das Gefüge lockern, Zugfestigkeit und Dehnung vermindern, dagegen Korrosionsfestigkeit, Dämpfung und Wärmeleitfähigkeit verbessern. Nun wurde plötzlich klar, worauf die Eigenschaftsänderungen beim Glühen von Temperguß zurückzuführen waren: der Kohlenstoff wurde entweder aus dem Gefüge entfernt oder als Graphit in eine kompakte Form gebracht, die das Gefüge weniger auflockerte.

Die Bemühungen richteten sich nun darauf, den Graphitgehalt nach Menge und Form gezielt zu beeinflussen. Durch Vervollkommnung der Analysentechnik und der Mikroskopie wurden außerdem die Grundlagen dafür geschaffen, durch Legierungszusatz zum Gußeisen bestimmte Gebrauchseigenschaften zu erreichen.

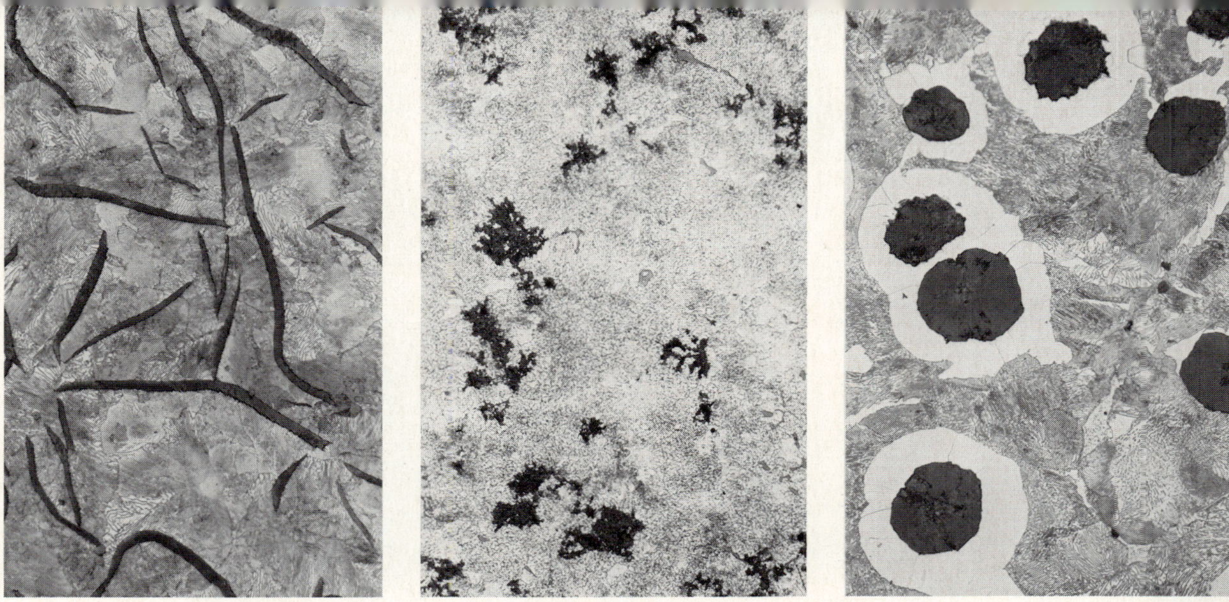

a b c

133 Je kompakter die Graphitausbildung im Gefüge, desto höher die Festigkeit und Dehngrenze der Eisengußwerkstoffe: Gußeisen mit Lamellengraphit a, schwarzer Temperguß b und Gußeisen mit Kugelgraphit c. V = 5oo.

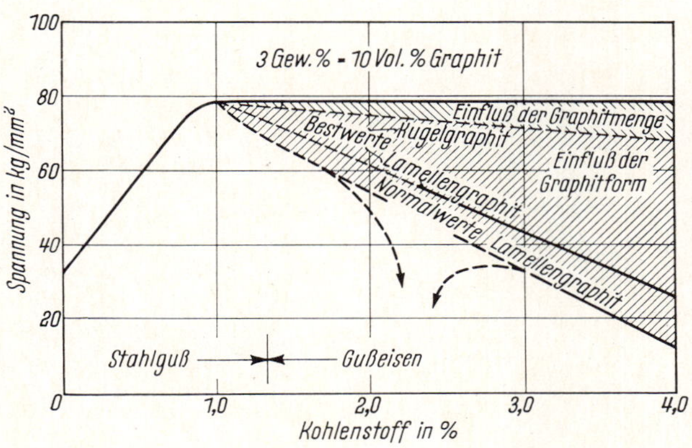

134 Der Einfluß der Graphitform auf die Festigkeit von Eisengußwerkstoffen überwiegt nach E. Piwowarsky und A. Wittmoser (124) bei weitem den der Graphitmenge.

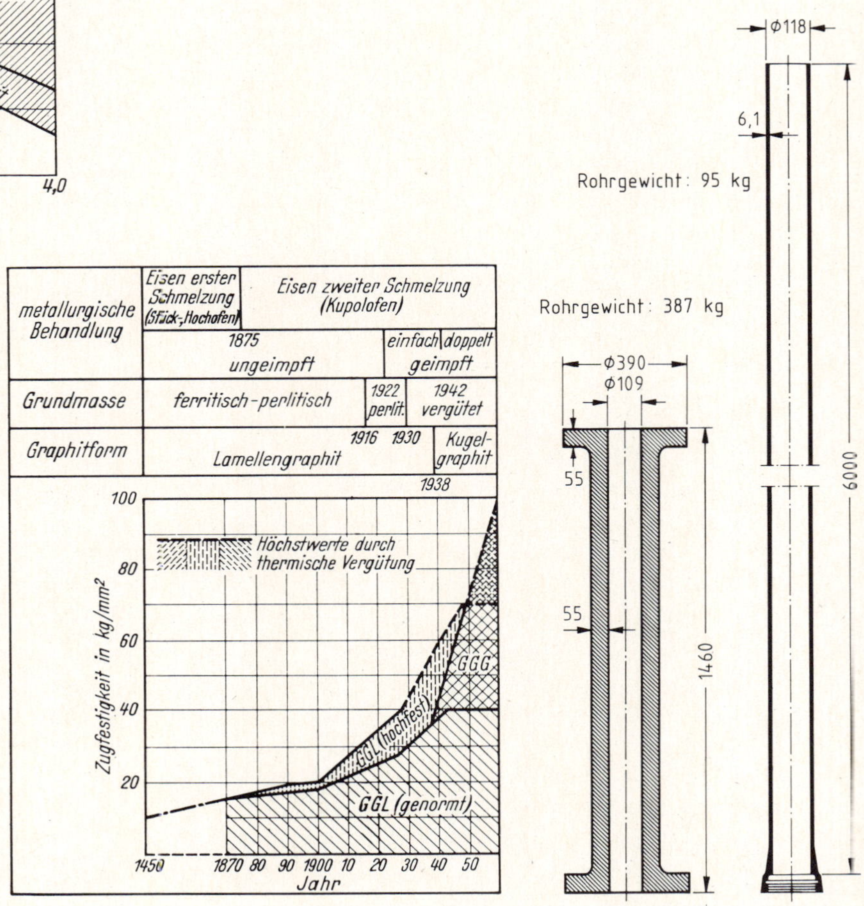

135 Die Zugfestigkeit des Gußeisens stieg im Verlauf der technischen Entwicklung steil an (124) a. Dadurch wurden erhebliche Gewichtseinsparungen möglich. Schleuderguß-Druckrohre aus duktilem Gußeisen mit Kugelgraphit wiegen z.B. bei gleichem Innendurchmesser und gleicher Länge rd. 3o % weniger als solche aus Gußeisen mit Lamellengraphit. Bildteil b vergleicht Querschnitt und Gewicht eines historischen Flanschenrohrs aus dem Jahr 1817 für die Salzsoleleitung Berchtesgades/Reichenhall (84) und eines Muffenrohres aus duktilem Gußeisen der 198oer Jahre nach DIN 2861o.

136 Gußeisen mit Kugelgraphit drin in vielen Bereichen schnell vor: Der Hamburger Autobahn-Elbtunnel füh durch 3 Röhren von je 1114 m Läng ausgekleidet mit Tunnelringen aus GGG- mit einem Innendurchmesser von 1o,35 m Der Fahrzeugbau wird auch für Gußeis mit Kugelgraphit zu einem der wichti sten Abnehmerbereiche.

Nach 195o gelang es, auf der Grundlage englischer, amerikanischer und deutscher Untersuchungen - genannt seien hier nur die 1937/38 veröffentlichen Beobachtungen von Adey, Hanemann und Schrader -, die normalerweise lamellare Graphitausbildung des Gußeisens durch eine Schmelzebehandlung, vornehmlich mit Magnesium, in Kugelform zu überführen (Bild 133). Die Schmelzebehandlung mit Magnesium wurde 1954 patentrechtlich geschützt, und das so hergestellte Gußeisen mit Kugelgraphit erhielt den Namen Sphäroguß. Auch A. Wittmoser hatte an der Untersuchung, Entwicklung und Deutung der Morphologie des neuen Werkstoffs großen Anteil (124) und stellte heraus, daß für die Festigkeit des Gußeisens weit weniger die Menge als vielmehr die Ausbildungsform des eingelagerten Graphits maßgeblich sei (Bild 134). Der neue Werkstoff vereinigte in sich vorteilhafte Eigenschaften von Grauguß und Stahlguß: er hatte eine niedrige Schmelztemperatur, war leicht gießbar und dennoch nicht spröde. Hohe Festigkeit und Zähigkeit erschlossen ihm schnell weite Anwendungsbereiche. Schleudergußrohre aus Gußeisen mit Kugelgraphit verdrängen in kurzer Zeit die schweren Grauguß-Druckrohre (Bild 135). Für Tunnelbauten erweisen sich Tunnelringe aus Gußeisen mit Kugelgraphit als ideale Bauelemente (Bild 136), und im Fahrzeug- und Maschinenguß tritt Gußeisen mit Kugelgraphit vielfach an die Stelle von Temperguß, Stahlguß
136 und Schmiedeteilen. Seit 1976 werden in der Bundesrepublik Deutschland mehr Gußstücke aus Gußeisen mit Kugelgraphit als aus Stahl- und Temperguß zusammen hergestellt.

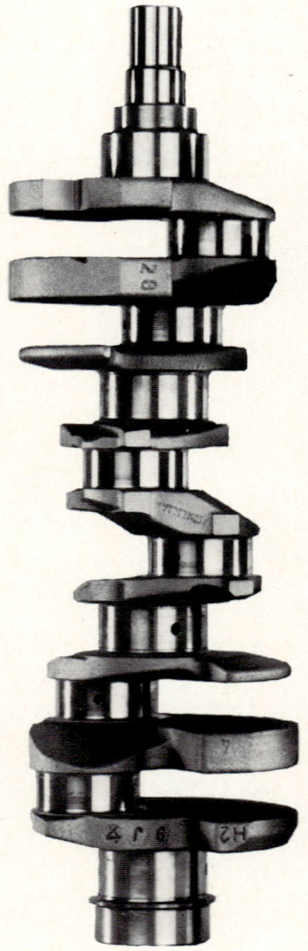

137 Kurbelwelle aus Gußeisen mit Kuge graphit GGG-7o für einen 16o PS/118 kW Otto-Motor. Rohgewicht 17 kg.

Neue Nichteisenmetall-Gußwerkstoffe

Auch die Werkstoffentwicklung bei Nichteisen-Metallguß steht während der Industrialisierung ganz unter den Auswirkungen der gewonnenen chemischen und physikalischen Erkenntnisse. Bis dahin unbekannte Leichtmetalle, besonders Aluminium und Magnesium, wurden nach 1800 entdeckt und konnten nach langer Entwicklungszeit wirtschaftlich hergestellt werden. Seit Anfang dieses Jahrhunderts stehen gut gießbare Aluminium- und Magnesium-Legierungen für eine Großserien-Gußerzeugung, überwiegend in Dauerformen, zur Verfügung.

Zink gewann als Gießmetall während des letzten Jahrhunderts zunehmende Bedeutung. Die hervorragenden Gießeigenschaften führten zu einer Massenerzeugung von Teilen nach dem Druckgießverfahren.

Die althergebrachten Kupfergußlegierungen, Bronze und Messing, wurden durch systematische Legierungsforschung erheblich in Festigkeit und Korrosionsbeständigkeit verbessert. Neue Werkstofftypen entstanden durch Beimengungen besonders von Aluminium, Nickel, Silicium und Mangan.

Zur Entwicklung von Leichtmetall-Gußwerkstoffen

Gemessen an den rd. 5000 Jahren, die sich als Alter der Kupferlegierungen nachweisen lassen, und der rd. 3000 Jahre alten Geschichte des Eisens, sind die Leichtmetalle noch vergleichsweise "jung". Die Entwicklung der Leichtmetalle begann mit deren Entdeckung durch die Fortschritte der analytischen Chemie.

Der Däne H.C. Oerstedt hat 1825 Aluminium als weitverbreitetes Element in Ton gefunden; der Deutsche Friedrich Wöhler hat wenig später als erster das Metall gewonnen (125).

Die niedrige Dichte (2,7 g/cm^3) und der niedrige Schmelzpunkt (660°C), verbunden mit guten mechanischen Eigenschaften, veranlaßten 1854 Napoleon III.

138 Zu den frühesten Aluminium-Gußstücken gehört die Eros-Figur am Picadilly-Circus in London aus dem Jahre 1893.

139 Die gute Gießbarkeit von Silumin verführte auch zu ungewöhnlichen Konstruktionen: in einem Stück gegossene, 4 m lange Kraftwagenkarosserie, hergestellt vor 1927 (125).

zu dem Vorschlag, Aluminium aus Tonerde elektrolytisch herzustellen. Im Jahre 1886 meldeten P. Heroult in Frankreich und C. Hall in Amerika fast übereinstimmende und praktisch durchführbare Verfahren zur Aluminium-Elektrolyse zum Patent an. Die großtechnische Herstellung von Aluminium war erst möglich, als am Ende des Jahrhunderts billiger gewordener elektrischer Strom zur Verfügung stand.

Als erstes Aluminiumgußstück ist die 1884 gegossene 2,8 kg schwere Aluminiumpyramide auf dem Washington-Ehrenmal bekannt geworden. Dieses Gußstück ist ebenso erhalten, wie die 1893 hergestellte Eros-Figur auf dem Picadilly-Circus in London (Bild 138). Schon 1898 sind aber auch Motorgehäuse für einen Kraftwagenmotor aus Aluminium hergestellt worden. Mitte der 2oer Jahre werden bei Rautenbach in Solingen ganze Kraftwagenkarosserien in einem Stück gegossen (Bild 139).

Die gesamte Luftfahrt und die Gewichtsverminderung im Fahrzeugbau sind erst durch die Verwendung von Aluminium als dem wichtigsten Leichtmetall möglich geworden. Von dem heute erzeugten Hütten- und Umschmelzaluminium werden etwa 2o % zu Formguß verarbeitet. Die niedrige Schmelztemperatur läßt Aluminium für das Gießen in metallische Dauerformen sehr gut geeignet erscheinen. Neben dem seit Jahrtausenden bekannten Schwerkraftgießen in Kokillen entwickelt sich das Gießen in Dauerformen mit Hilfe von Metallpumpen oder Druckzylindern (Bild 14o) (126), der Druckguß, der nach und nach zum wichtigsten Verarbeitungsverfahren wird.

Das wichtigste Legierungselement für Aluminium ist Silicium. Ein Aluminium-Gußwerkstoff mit 13 % Silicium findet unter der Bezeichnung Silumin weite Verbreitung. Bedeutsam ist die Gefügeverfeinerung durch Behandeln der Schmelze und das Aushärten bestimmter Legierungen durch Wärmebehandeln. Nach dem 2. Weltkrieg hat die Aluminium-Gußerzeugung diejenige aus Kupfer-Gußwerkstoffen übertroffen.

Die Geschichte des leichtesten Gießmetalls Magnesium (Dichte 1,7 g/cm³; Schmelzpunkt 65o°C) hat Ähnlichkeit mit der des Aluminiums. 18o8 von dem Engländer Henry Davy entdeckt, ist Magnesium 1821 zum ersten Mal schmelzflüssig gewonnen worden. Die technische Verwendung von Magnesium begann aber erst zu Beginn des 2o. Jahrhunderts. 19o9 wurde die gut gießbare Magnesium-Zink-Legierung Elektron vorgestellt. Zu den bekanntesten Magnesiumgußstücken gehört das Gehäuse des luftgekühlten VW-"Käfer"-Motors; dieses volkstümlichste aller jemals gebauten Autos enthielt zeitweise bis zu 16,5 kg Magnesiumguß. Auch sein prominenter Sportwagen-Bruder wurde mit vielen Teilen aus diesem leichten Metall ausgerüstet (Bild 141).

Mit einer Dichte von 4,5 g/cm³ zählt auch Titan noch zu den Leichtmetallen. Trotz seines geringen Gewichtes erreicht Titan, das 1791 entdeckt wurde, die Festigkeit von Stahlguß (127). Auch sein Schmelzpunkt von 1668°C liegt in der gleichen Größenordnung wie der von Stahl. Deshalb eignen sich Titanlegierungen für hochfeste, hitzebeständige Konstruktionsteile im Flugzeug- und Raketenbau. Die technische Verwendung hat erst in der zweiten Hälfte dieses Jahrhunderts eingesetzt, nachdem man den schwierigen und energieaufwendigen Prozeß der Titanherstellung beherrschte. Das mit Sauerstoff, Stickstoff und Wasserstoff äußerst reaktionsfähige Metall muß im Vakuum geschmolzen und gegossen werden. Als Formstoff eignen sich Graphit und Kunstkohle.

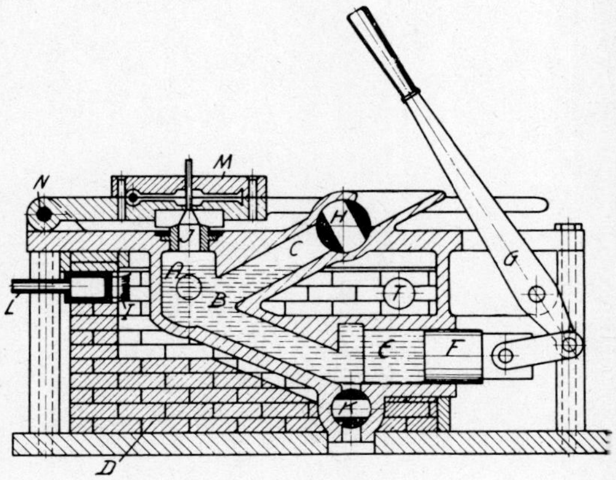

14o Alfred Uhlmann beschreibt 1918 eine von Hand betriebene Druckgießmaschine (126). Das heiße Metall A wird durch einen Aufgabetrichter C, der mit einem Hahn H verschließbar ist, in den Metallbehälter B eingefüllt, an den sich der Pumpenzylinder E anschließt. Der mit dem Handhebel bewegte Kolben F drückt das Metall durch die Düse J in die Form M, deren Unterteil um ein Scharnier N drehbar ist. Restliches Metall kann durch den Entleerungshahn K abgelassen werden. Die "Warmkammer-Druckgießmaschine" wird mit Gas beheizt IL.

Tradition und Fortschritt auch bei Schwermetall-Gußwerkstoffen

Wennn auch das Gießen von Kupferwerkstoffen seit dem Aufkommen der Leichtmetall-Gußlegierungen zurückgegangen ist, so sind doch bedeutende Verbesserungen in den Eigenschaften der Kupferlegierungen erreicht worden. Traditionelle Anwendungsgebiete im weiten Bereich der Kunst, des Kunsthandwerks, des Glockengießens und vielfältiger Gebrauchsgegenstände,

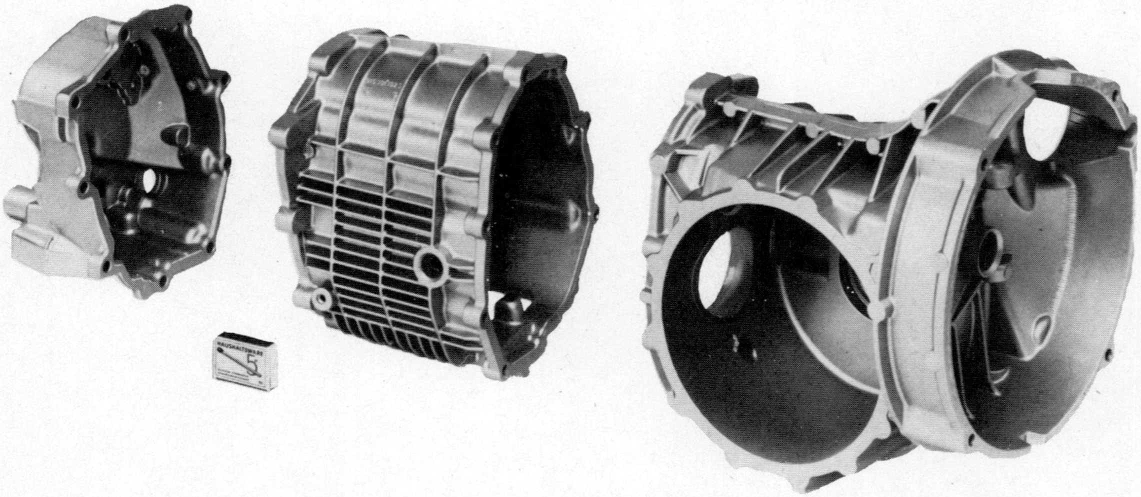

u.a. im Schiffsbau, blieben erhalten, aber die technische Entwicklung stellte die Schwermetallgießer auch vor neue Anforderungen. Für die chemische Industrie und die Meerestechnik wurden hochkorrosionsbeständige Legierungen entwickelt; erwähnt seien das Gießen von hervorragend leitfähigem Reinkupfer, die starke Verbreitung der Aluminiumbronze mit 1o % Aluminium und auch die Bedeutung des Neusilbers mit 2o % Nickel (128).

Das Gießen von Zink erhielt erst im 19. Jh. Bedeutung, wenn man von der viel älteren Verwendung beim Messing als Legierungsmetall für Kupfer absieht. Messing wurde bis zum 18. Jh. durch Einschmelzen von Kupfer und Galmei gewonnen, ohne daß Zink als Metall bekannt war (vgl. Teil 1). Wohl erstmalig um 15oo gelang es in Indien, metallisches Zink herzustellen (129).

Die bekannten Zink-Hütten in der Nähe der Lagerstätten, z.B. im Harz, entstanden in der Frühzeit der Industrialisierung. Seit den dreißiger Jahren des vorigen Jahrhunderts wurden aus Zink bildliche Darstellungen, Gesimse und Dachziegel gegossen. Schinkel förderte diese Anwendung, die gegenwärtig keine praktische Bedeutung mehr hat (13o). Die leichte Gießbarkeit des bei nur 419°C schmelzenden Metalls hat aber dazu geführt, daß Zink, mit etwa 4 % Aluminium legiert, heute in großem Umfang nach dem Druckgießverfahren in Formen aus Stahl zu kleinen Massenteilen gegossen wird (131), vor allem für den Automobilbau.

141 Getriebegehäuse aus der Mag sium-Legierung GD-MgAl8Zn1 für ei bekannten Sportwagen; Länge 665 m Gewicht 9,3 kg.

7. AUF DEM WEGE ZUR MODERNEN GIESSEREI

Der Übergang zur industriellen Massenfertigung führte in den Gießereien zur Entwicklung möglichst kontinuierlich arbeitender, mechanisierter Schmelz-, Form-Gieß- und Putzanlagen. In Eisengießereien blieb der Kupolofen vorherrschend, aber elektrisch beheizte Öfen haben seit etwa 1960 zunehmende Bedeutung. In Metallgießereien stehen seit dieser Zeit öl- und gasbeheizte Tiegel- und Flammöfen im Wettbewerb mit elektrisch beheizten Öfen. Nur noch mit Elektroöfen wird in Stahlgießereien geschmolzen.

Erhöhte Anforderungen an die Maßgenauigkeit der Gußstücke und die Produktivität führten schon seit Mitte des vorigen Jahrhunderts zur Mechanisierung der Formtechnik. Nach dem zunehmenden Gebrauch reiner, hochquellfähiger Tone für den Formsand und verbesserter Ölbinder für die Kernherstellung wurden neue Formstoffbindemittel entwickelt, besonders solche auf der Grundlage von Zement, Wasserglas und Kunstharz. Das Gießen in Dauerformen - der alte Traum der Gießer - konnte zunehmend verwirklicht werden, besonders beim Leichtmetallguß.

Ein wesentlicher Schritt für die Mechanisierung des Putzens der Gußstücke war die Einführung der Strahltechnik seit Ende des 19. Jh.

Die Notwendigkeit, Anlagekapital ebenso wie Einsatzstoffe und Energie möglichst wirtschaftlich einzusetzen und weiter die Belastung am Arbeitsplatz zu vermindern, führte dazu, alle Betriebsmittel im Gesamtzusammenhang zu sehen und zu betreiben. Die Gießerei wurde zunehmend als Fertigungssystem begriffen.

Der folgende Abschnitt kann nicht auf Einzelheiten der neueren Entwicklung eingehen, soll aber mit einigen Beispielen die Brücke von der Vergangenheit in die Gegenwart schlagen.

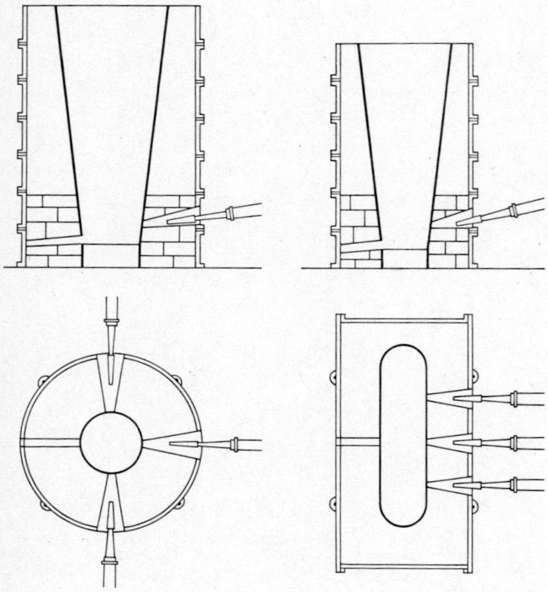

142 Der moderne Gießereischachtofen, der Kupolofen, geht zurück auf ein Patent des englischen Eisenhütten- und Gießereibesitzers John Wilkinson aus dem Jahr 1794, in der Patentschrift werden Öfen mit einem runden und einem ovalen Ofenschacht beschrieben (132).

143 In Ledeburs Handbuch (1883) finden sich Beschreibungen zweier besonderer Kupolöfen, des Irelandofens a und des Krigar-Ofens b, in den ein großvolumiger Vorherd als Eisensammler integriert ist (134).

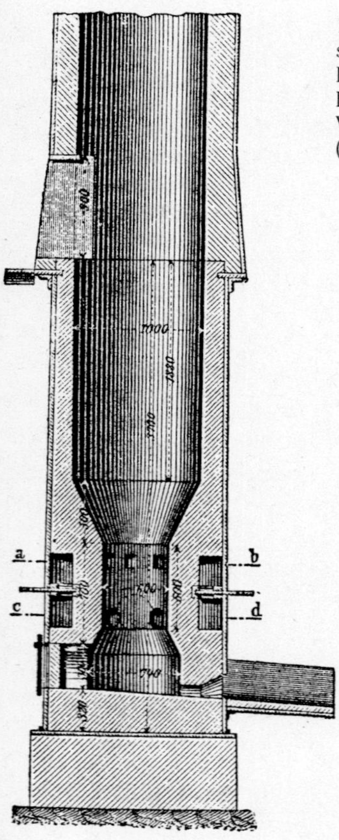

a

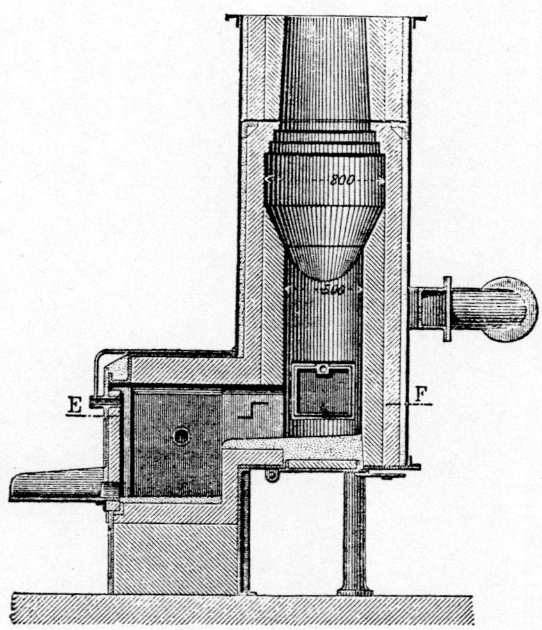

b

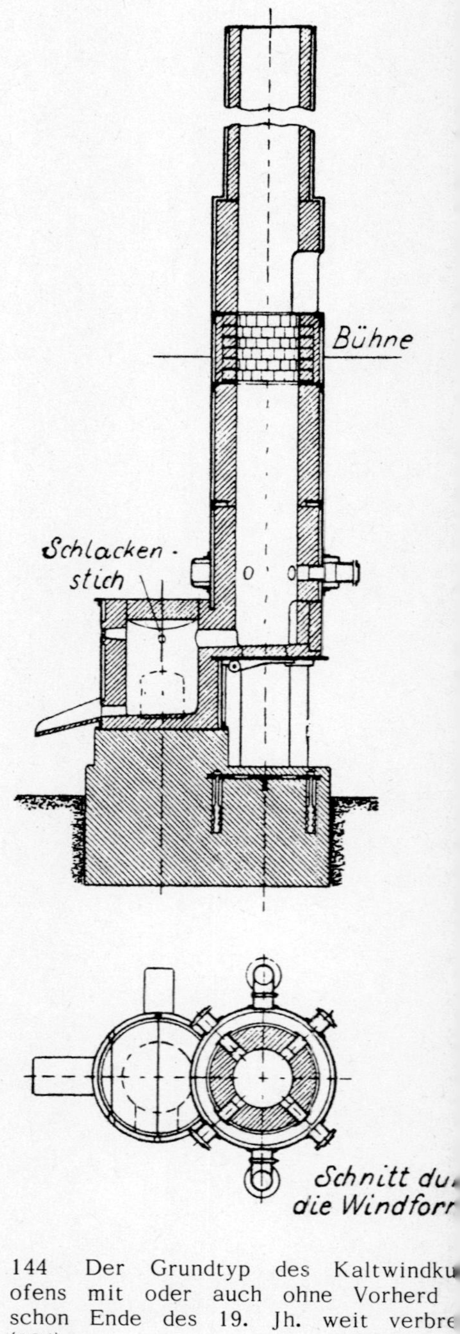

144 Der Grundtyp des Kaltwindku ofens mit oder auch ohne Vorherd schon Ende des 19. Jh. weit verbre (134).

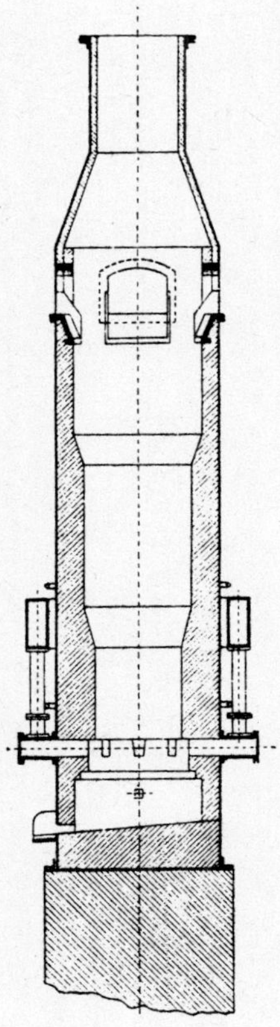

5 Stahlwerkskupolöfen mit wassergekühltem Futter und durchgehender, einochiger Betriebsweise (Darstellung nach Osann 192o) (134) sind die Vorläufer oderner Langzeit-Kupolöfen in vielen oßgießereien.

Kupolöfen gestern und heute

Der Name "Cupolo" tritt in Deutschland zum ersten Mal 1738 in einer Schrift von Christian Andreas Schlüter auf, und zwar zur Bezeichnung eines Wind- oder Flammofens zum Schmelzen von Blei und Kupfererzen (132). Der Name dieser mit einer Kuppel versehenen Öfen übertrug sich dann wohl irrtümlich auf Schachtöfen zum Schmelzen von Eisen. Als eigentliche Geburtsurkunde des Kupolofens wird allgemein (133) die englische Patentschrift des "Ironmaster John Wilkinson" Nr. 1993 vom 2. Juni 1794 angesehen, mit der sich der englische Hütten- und Gießereibesitzer einen runden und einen länglichen, etwa 1o Fuß (3 m) hohen Schachtofen mit 3 Düsen zum Verhütten von Eisenerz (Bild 142) schützen ließ. Dieser Ofen knüpfte deutlich an Entwicklungen an, wie sie schon von Biringuccio (48) im 16. Jh. beschrieben wurden. 1797 berichtet J.G. Stünkel über die Anlage von "Cupolo" genannten Schachtöfen in Harzer Hütten und beschreibt einen Ofen der Sollinger Hütte bei Uslar. Wilkinson hielt ein Umschmelzen des Roheisens zur besseren Qualitätseinhaltung für unumgänglich und benutzte hierfür die von ihm beschriebenen Öfen in seiner Gießerei. Dieser Gedanke setzt sich am Ende des 18. Jh. allgemein durch. 1798 wird der erste Kokshochofen, der wenige Jahre zuvor in Gleiwitz in Betrieb genommen worden war, durch 2 Kupolöfen ersetzt (133).

In der Geschichte des Kupolofens spielen die um 186o bekannt gewordenen besonderen Bauarten der mit großen Blasöffnungen und geringem Winddruck betriebene Ireland-Ofen (später: Sulzer-Ofen) und der Krigar-Ofen mit Vorherd eine besondere Rolle (Bild 143). Ende des 19. Jh. haben sich fast überall Kupolöfen mit gleichmäßigem, zylindrischem Ofenschacht durchgesetzt (Bild 144). Als zukunftsweisend haben sich aber aus heutiger Sicht die Stahlwerkskupolöfen der Jahrhundertwende erwiesen (Bild 145), die bis zum Schadhaftwerden der wassergekühlten Ausmauerung in der Regel eine Woche ohne Unterbrechung in Betrieb waren (134).

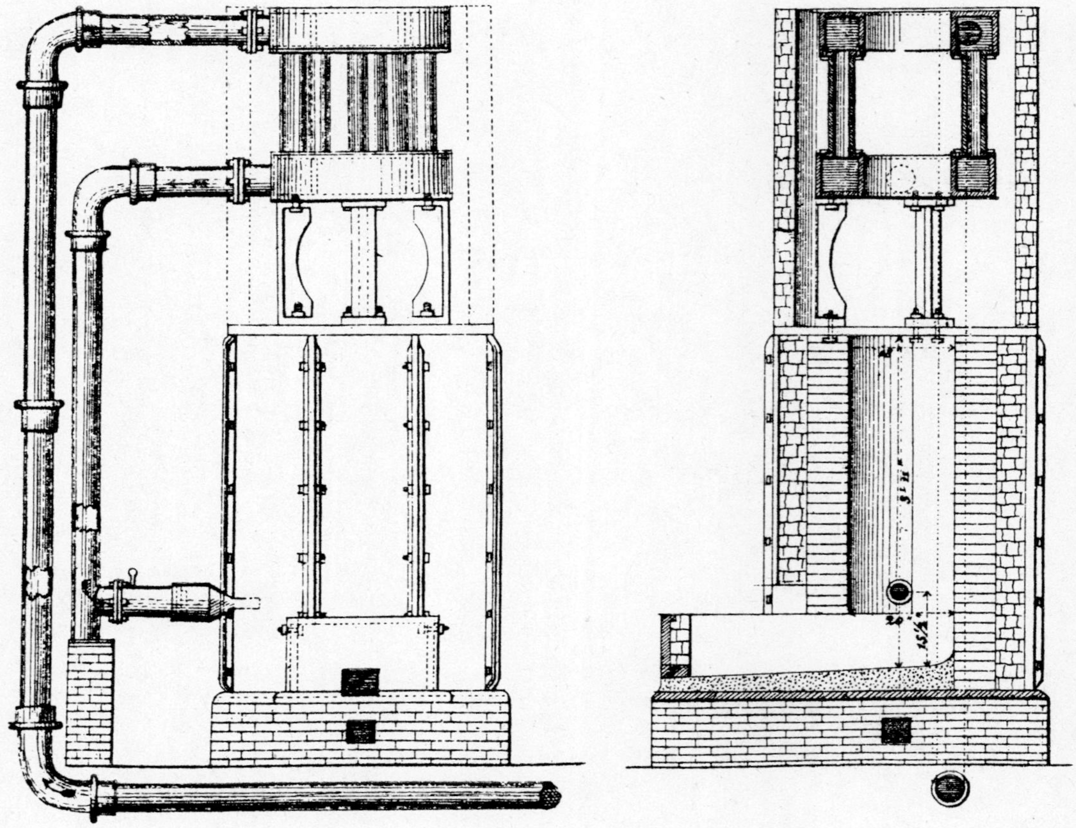

146 Über die früheste Anwendung eines Winderhitzers für den Kupolofen der Sayner Hütte liegt ein Bericht aus dem Jahre 1836 vor (135).

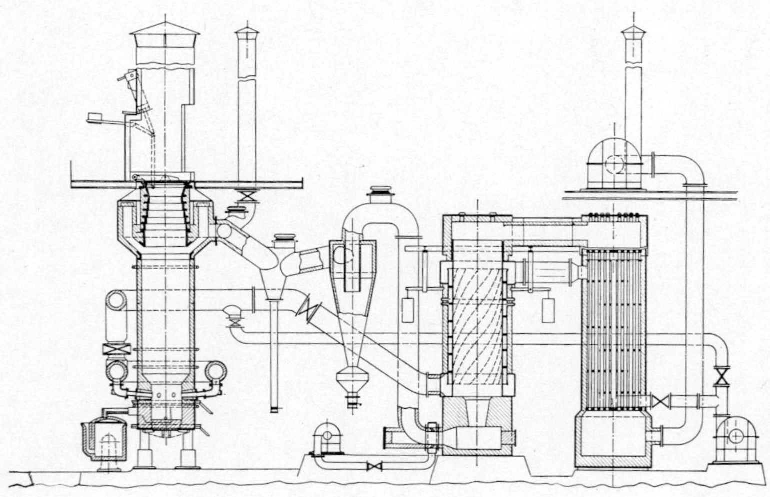

147 Heißwindkupolofenanlage um 1960 mit Absaugung der Gichtgase kurz unterhalb der Beschickungsöffnung und gichtgasbeheiztem, kombiniertem Spiral-Röhren-Rekuperator (136).

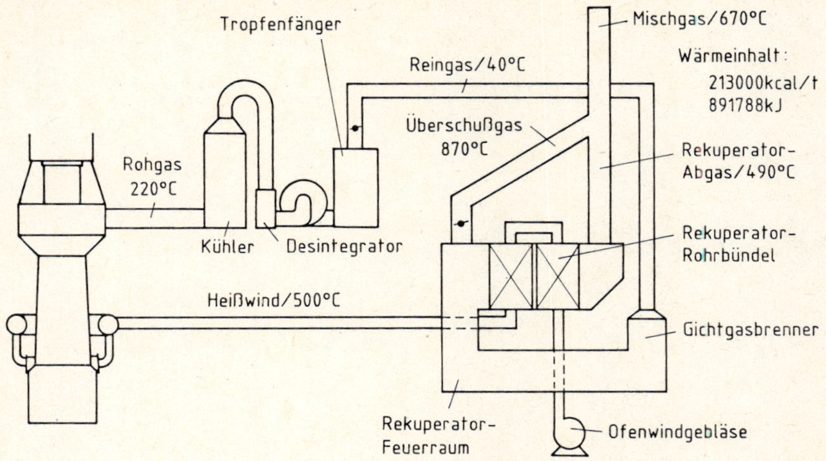

148 Die vollständige Gichtgaserfassung, die Gasreinigung und Abwärmeverwertung sind Merkmale neuzeitlicher Kupolofenanlagen (137).

Die ersten Vorherde für Kupolöfen, Sammelbehälter zum Ausgleich von Menge und Zusammensetzung des flüssigen Eisens, sind um die Mitte des vorigen Jahrhunderts gebaut worden. Nach 1867 verdrängten die leistungsfähigeren Kapselgebläse und Ventilatoren nach Vorschlägen des Amerikaners Roots die ursprünglichen Zylindergebläse. Windringe, ringförmige Rohrleitungen zu den Blasdüsen, verbesserten die Verbrennungsluftzufuhr.

Ein langer Weg führt von den ersten Vorschlägen zur Windvorwärmung bis zum modernen Heißwindkupolofen. Auf Betreiben des Engländers James Beaumont Neilson (1792 bis 1865) wurde 1828 der Gebläsewind von Hochöfen erhitzt, um den Koksverbrauch zu senken (116). Die Erfolge sollten auch auf Kupolöfen übertragen werden. Über die frühe Anwendung von Winderhitzern für Kupolöfen liegen Nachrichten aus Wasseralfingen, aus der Königlichen Eisengießerei Gleiwitz und aus Sayn aus den Jahren 1832 bis 1836 vor (135) (Bild 146). Carl Hartmann, der spätere Herausgeber der Berg- und Hüttenmännischen Zeitung, hat 1834 unter dem Titel "Über den Betrieb von Hohöfen, Cupolöfen etc. mit erhitzter Gebläseluft" auf über 4oo Seiten Berichte aus England, Frankreich und Deutschland mit lithographischen Tafeln über Winderhitzer-Konstruktionen veröffentlicht (135): ein Beweis für das große Interesse, das die Fachwelt dieser Entwicklung entgegenbrachte.

Zwar gelang es vorübergehend, den Koksverbrauch zu senken, jedoch versagte die Winderhitzung im Dauerbetrieb. Man war noch nicht in der Lage, haltbare Rohre für Wärmeaustauscher herzustellen. Auch die vorhandenen Gebläse reichten nicht aus, um gegen den erhöhten Widerstand zu arbeiten. Erst 1oo Jahre später gelang die betriebsreife Gestaltung des Heißwindkupolofens mit leistungsfähigen Wärmeaustauschern für Windtemperaturen von über 4oo°C (Bild 147) (136). Damit war der Durchbruch erreicht. Der Wärmewirkungsgrad verbesserte sich von rd. 3o % beim Kaltwindbetrieb auf über 4o %, Eisentemperatur und Schmelzleistung stiegen an, und die Möglichkeit des Aufkohlens erlaubte den weitgehenden Einsatz von Stahlschrott.

Weitere Stichworte für Entwicklungen bis in die jüngste Zeit sind der teilweise oder vollständige Ersatz von Koks durch Öl- oder Gasfeuerung, die Nachverbrennung des im Ofenschacht gebildeten Kohlenoxids durch Sekundärluft, die Sauerstoffanreicherung des Gebläsewindes, das Einschießen feinkörniger Substanzen in die Schmelzzone und vieles anderes mehr.

Eine erhebliche Erweiterung hat der Kupolofenbetrieb durch die vollständige Gichtgasabsaugung, Gasreinigung und Abwärmenutzung erfahren, die hier nur mit Bild 148 erwähnt sei (137). Von der Produktionsmenge her steht der Kupolofen nach wie vor an erster Stelle in den Eisengießereien.

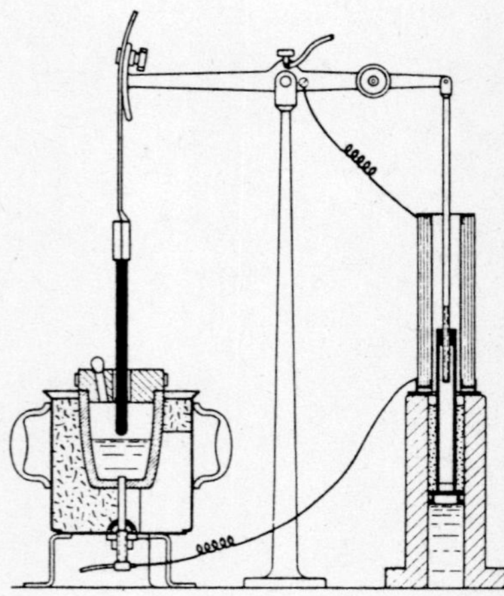

a

Elektroöfen dringen vor

Es hat schon um 1850 Überlegungen gegeben, elektrische Energie zum Schmelzen von Metallen zu benutzen. Die Grundprinzipien der Umwandlung von Strom in Wärme durch induktive Wirkung, Lichtbögen oder Widerstände waren bekannt. Als 1867 Werner Siemens die Dynamo-Maschine erfand, war die Grundlage für eine wirtschaftliche Stromerzeugung gelegt. Dennoch dauerte es lange, bis nach Ausbau des Versorgungsnetzes elektrische Schmelzöfen Einzug in die Praxis hielten (138).

Der glückliche Zufall wollte es, daß die Brüder von Werner Siemens, Friedrich und Wilhelm Siemens, 1864 gemeinsam mit Emile Pierre Martin den Siemens-Martin-Ofen entwickelt hatten. Schon 1879 konnte Wilhelm Siemens den ersten Lichtbogenofen vorstellen (Bild 149 a). Lichtbogenöfen (vgl. auch Bild 150 c), bei denen der metallische Einsatz durch einen elektrischen Lichtbogen zwischen Graphitelektroden und Einsatzmaterial geschmolzen wird, haben besondere Bedeutung für die Stahlindustrie erlangt. Stahlformguß wird überwiegend in Lichtbogenöfen erschmolzen. Für Gußeisen und Nichteisenmetalle haben sich diese Öfen weniger eingeführt.

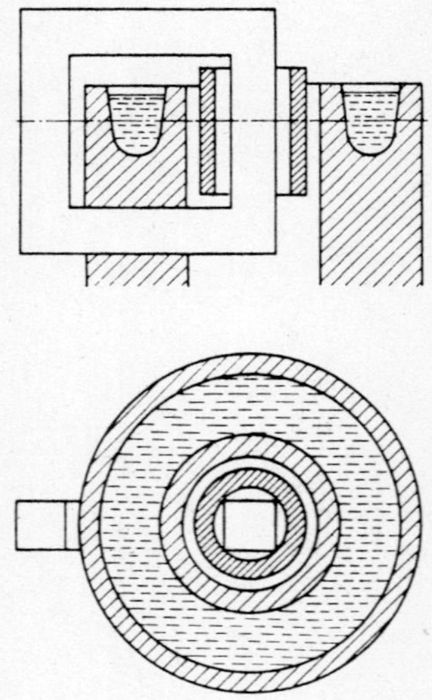

b

149 Frühe Bauformen von Elektroö[fen:] der Lichtbogenofen von Wilhelm Siemens aus dem Jahre 1879 a das Schema des Kjellin-Induktions-Rinn[en]ofens b aus dem Jahre 1899 (139).

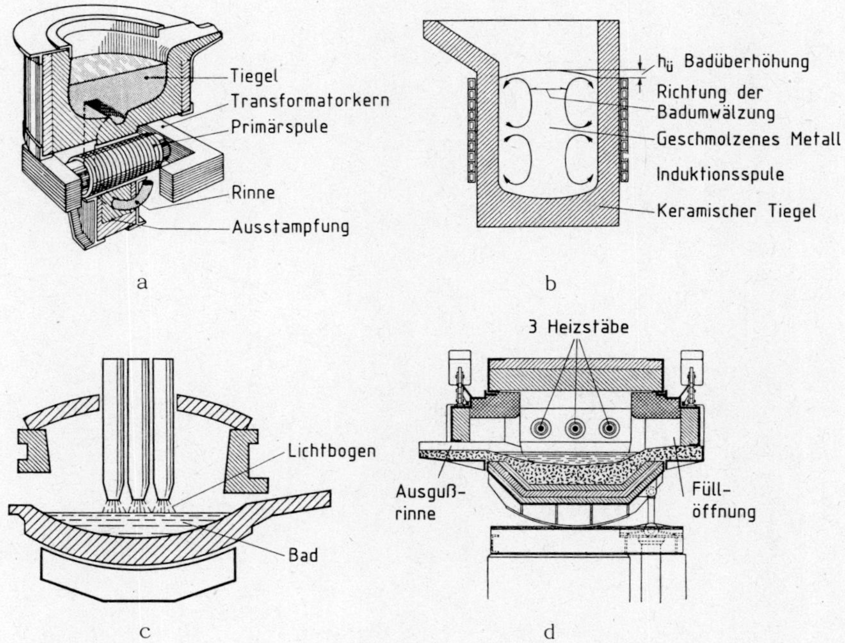

Schematische Darstellung der Grund-
en elektrischer Schmelzöfen:
Induktions-Rinnenofen
Induktions-Tiegelofen
Lichtbogenofen
Widerstandsofen mit direkter Badbestrahlung

Die Entwicklung von Induktionsöfen, die heute in Gießereien als Schmelz- und Warmhalteöfen verwendet werden, begann um 19oo. Einem Vorschlag von Ferranti aus dem Jahre 1887 folgend, baute Kjellin 1891 den ersten praktisch brauchbaren Netzfrequenz-Induktionsschmelzofen, dem 1899 ein Induktions-Rinnenöfen mit offener Rinne (Bild 149 b) folgt. Dieser Ofen wird im Februar 19oo bei der Firma Benedicts Bult-Fabrik in Gysinge, Schweden zur Herstellung von Stahlguß in Betrieb genommen. Das Vorbild dieses Systems ist der Wechselstromtransformator, wobei die Primärwicklung zur Ofenkonstruktion gehört und die einzige Sekundärwicklung durch das Schmelzgut gebildet wird (139). Aus diesem Grundmodell leiten sich alle späteren Bauformen des Rinnenofens ab. Die Entwicklung von Netzfrequenztiegelöfen setzt dagegen erst nach 1935 ein und nimmt dann im Vergleich zu anderen Systemen (Bild 15o) den stürmischsten Verlauf. Beim Induktionstiegelofen wird durch die Induktionsspule im Einsatzmaterial ein Wirbelstrom erzeugt, der das Material zum Schmelzen bringt.

Widerstandsöfen, bei denen das durch den elektrischen Strom erhitzte Widerstandsmaterial, z.B. Graphit, die Wärme an das in einem Tiegel befindliche Schmelzgut abgibt, sind zunächst nur als Laboratoriumsöfen benutzt worden. Heute finden sie sich in vielen Nichteisenmetallgießereien, vor allem zum Schmelzen und Warmhalten von Aluminium- und Kupferlegierungen.

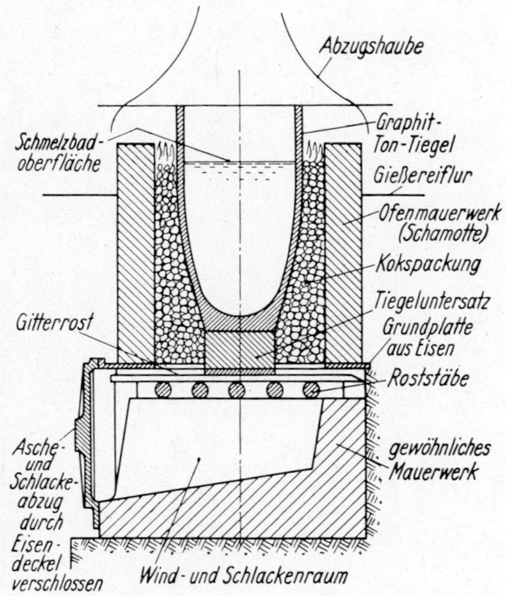

151 Feststehender Tiegelschmelzofen mit Koksfeuerung.

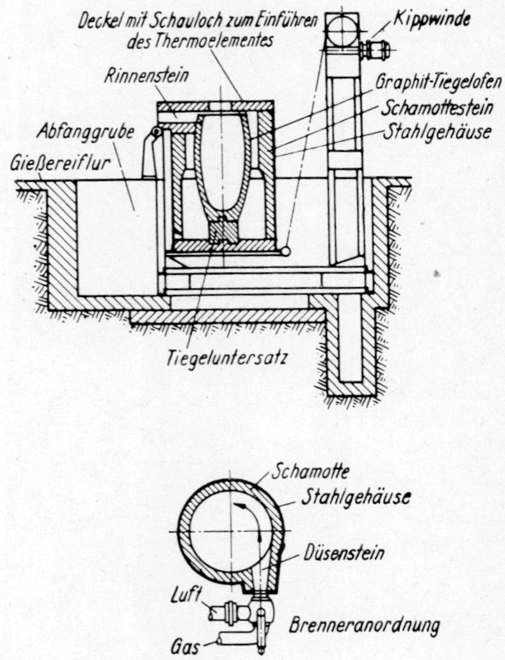

152 Kippbarer Tiegelschmelzofen mit Gas- oder Ölfeuerung.

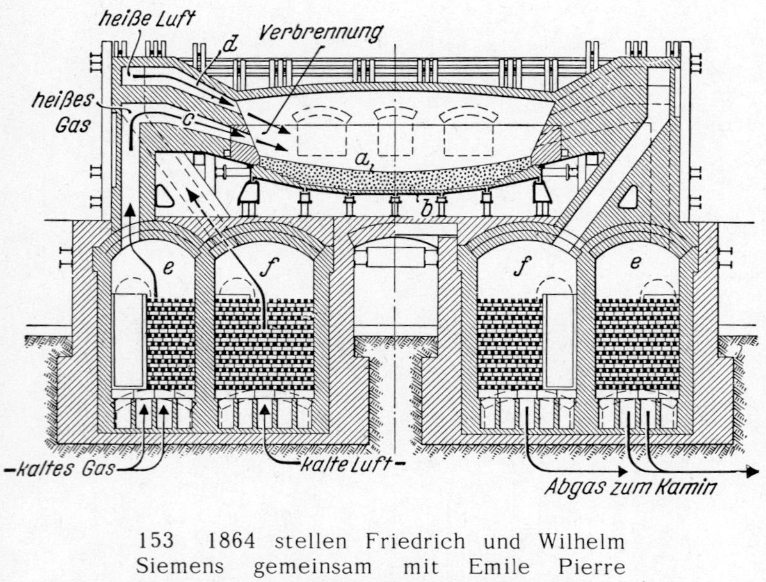

153 1864 stellen Friedrich und Wilhelm Siemens gemeinsam mit Emile Pierre Martin den Siemens-Martin-Ofen vor, der ein Jahrhundert lang große Bedeutung hat.

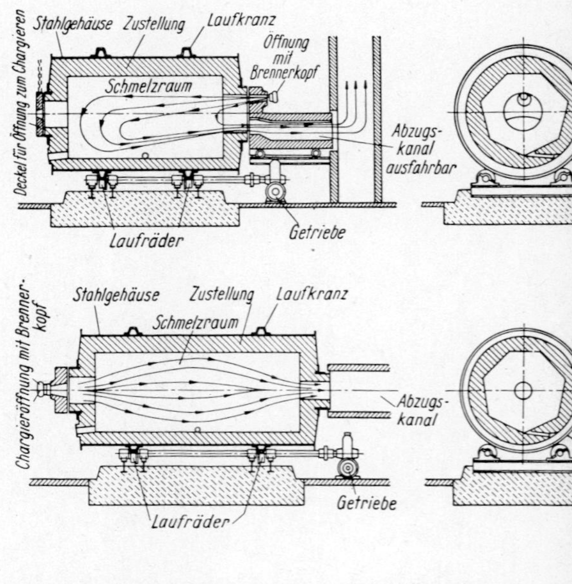

154 Trommelöfen mit durchschlagender oder umkehrender Flamme sind in der ersten Jahrhunderthälfte besonders in Tempergießereien häufig in Gebrauch.

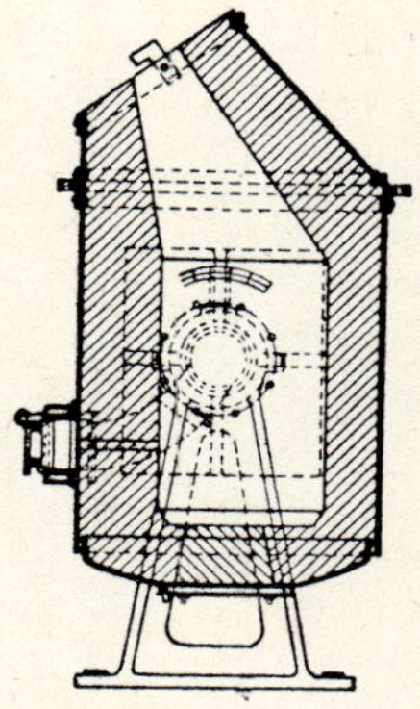

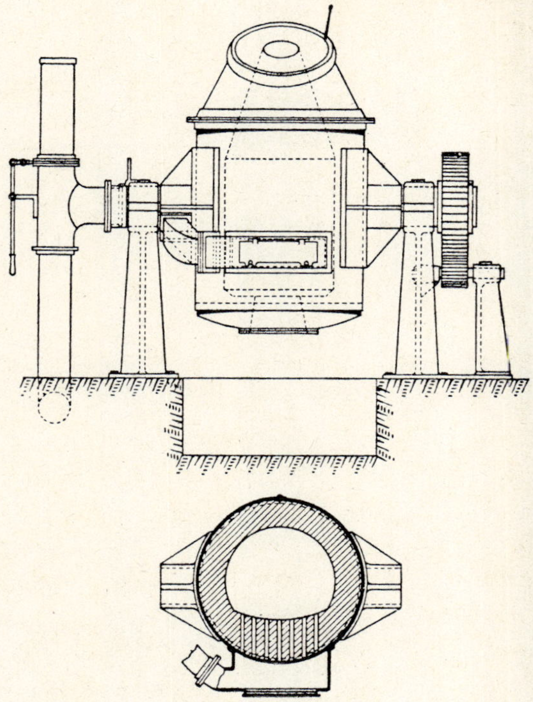

155 Um die Mitte des 19. Jh. entwickelte Henry Bessemer ein Windfrischverfahren, das um die Jahrhundertwende als Kleinkonverterverfahren in zahlreichen Stahlgießereien eingeführt wird.

Brennstoffbeheizte Tiegel-, Herd- und Trommelöfen

Die Entwicklung der Tiegel-, Trommel- und Warmhalteöfen seit der Jahrhundertwende hat E. Bertram sehr gut beschrieben (14o). Der feststehende Tiegelschmelzofen mit Koksfeuerung (Bild 151), wie er zu Beginn dieses Jahrhunderts üblich war und durchaus auch noch heute in Gebrauch ist, wurde allmählich durch den öl-, gas- oder widerstandsbeheizten Tiegelofen abgelöst. Weite Verbreitung fand der kippbare Tiegelschmelzofen mit Gas- oder Ölfeuerung (Bild 152). Er bietet bereits eine sehr befriedigende Temperaturregelmöglichkeit und leichten Legierungswechsel bei geringem Abbrand. Der Nachteil der hohen Energie- und Tiegelkosten wurde nach und nach durch Optimierung der Brenner, Flammenführung und Tiegel vermindert. Der Siemens-Martin-Ofen (Bild 153), noch bis nach 195o einer der Standardöfen der Stahlwerke mit Stahlformgießerei, läßt deutliche Ähnlichkeit zu den um 15oo aufkommenden Flammöfen erkennen (siehe Bild 3o). Öl- oder gasgefeuerte Herdöfen haben in Eisen- und Stahlgießereien heute keine Bedeutung mehr, spielen jedoch in der Nichteisenmetallgießerei nach wie vor eine gewisse Rolle.

Trommelöfen sind die Weiterentwicklung des "Schmelzfasses" mit Ölfeuerung. Zu der Ölheizung sind die Gasfeuerungen und mit dem um 1928 entstandenen Brackelsberg-Ofen die Kohlenstaubfeuerung hinzugekommen. Schaukelöfen sind nur um einen bestimmten Winkel hin- und herzuschwenken, Drehtrommelöfen können dagegen mit einer bestimmten Drehzahl umlaufen (Bild 154). Die in den Ofenraum frei eintretende Flamme heizt das Ofengewölbe oberhalb des Einsatzgutes auf, das die gespeicherte Wärme bei Drehung des Ofens an das Metall abgibt. Hierdurch wird ein sehr hoher Wärmewirkungsgrad erreicht.

Konverter

Im Zusammenhang mit der Schmelztechnik für Stahlguß darf auch das Kleinkonverter-Verfahren entsprechend dem Bessemer-Windfrisch-Verfahren nicht vergessen

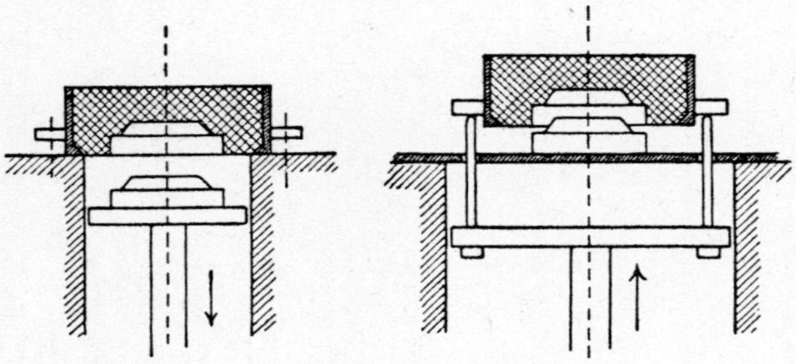

156 Vorrichtungen zum Trennen von Modell und Form stehen um 187o am Anfang der Formmaschinenentwicklung. Wichtigste Arbeitsweisen sind das Aussenken des Modells und das Abheben der Form.

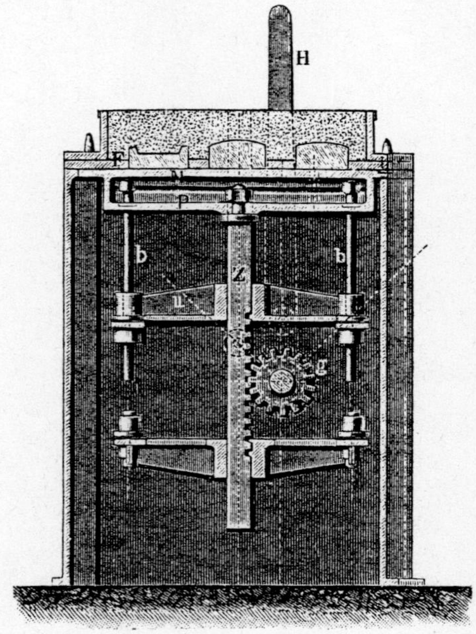

157 Ugê in Kaiserslautern wurde 1881 eine Durchziehformmaschine patentiert, die Modelle durch die Formplatte hindurch aus der Form aussenkt.

a

158 Schon eine der ersten in Wasseralfingen entwickelten Formmaschinen a erlaubte das Aussenken hervorspringender Modellteile aus der Form und das nachfolgende Abheben der Form vom Modell: Durchziehformmaschine für Rippenrohre, durch zwei Zahnstangentriebe mit Handhebeln betätigt b (134).

b

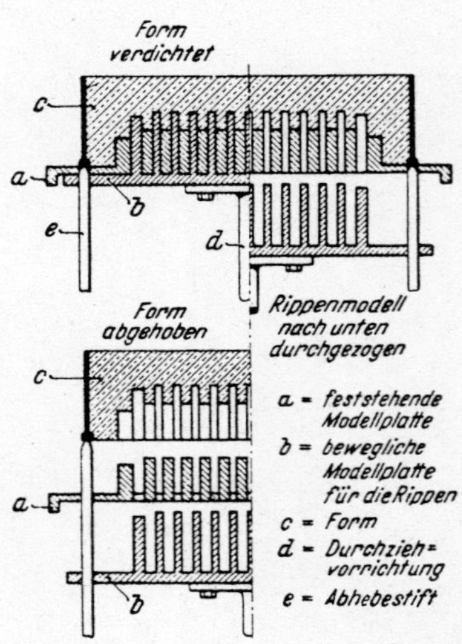

werden (Bild 155). Im Gegensatz zu den bodenblasenden Großkonvertern wird hier die Luft durch Seitendüsen unter flachem Winkel auf das Stahlbad geblasen. Kleinbessemeranlagen wurden und werden hier und dort auch heute noch in Verbindung mit Vorschmelzkupolöfen betrieben.

Der Flüssigverbund

In den frühen Gießereien wurde das Eisen unmittelbar nach der Verhüttung vergossen. Die Königliche Eisengießerei in Berlin war 1803/04 wohl die erste hüttenunabhängige Gießerei, und heute ist der unmittelbare Verbund der Gießerei mit dem Hochofen am gleichen Standort zur seltenen Ausnahme geworden. Dennoch spielt der Bezug von flüssigem Roheisen, teilweise über weitere Entfernungen hinweg, noch eine Rolle, besonders für das Gießen von Stahlwerkskokillen und Druckrohren.

Für Aluminiumgießereien dagegen war in den letzten Jahren der Bezug von Flüssigmetall unmittelbar von den Hütten und Umschmelzwerken eine der wichtigsten energiewirtschaftlichen Entwicklungen: Schmelzkosten wurden gespart, und die Gießereien benötigten lediglich Warmhalte- und Gießöfen. Allerdings muß im Einzelfall sorgfältig geprüft werden, ob bei längeren Warmhaltezeiten die Warmhaltekosten diese Arbeitsweise rechtfertigen.

Mechanisierung des Formens

Mit der Industrialisierung hielten auch Formmaschinen ihren Einzug in die Gießerei. Sie sollten bei vermindertem Arbeitsaufwand eine höhere Maßgenauigkeit der Formen gewährleisten. Ihre Entwicklung, die hier nur andeutungsweise wiedergegeben werden kann, läßt sich bis in das frühe 19. Jh. zurückverfolgen (141) bis (144).

Die Geschichte der Formmaschinen fängt im Jahre 1827 mit der Erfindung der Modellplatte durch Ober-

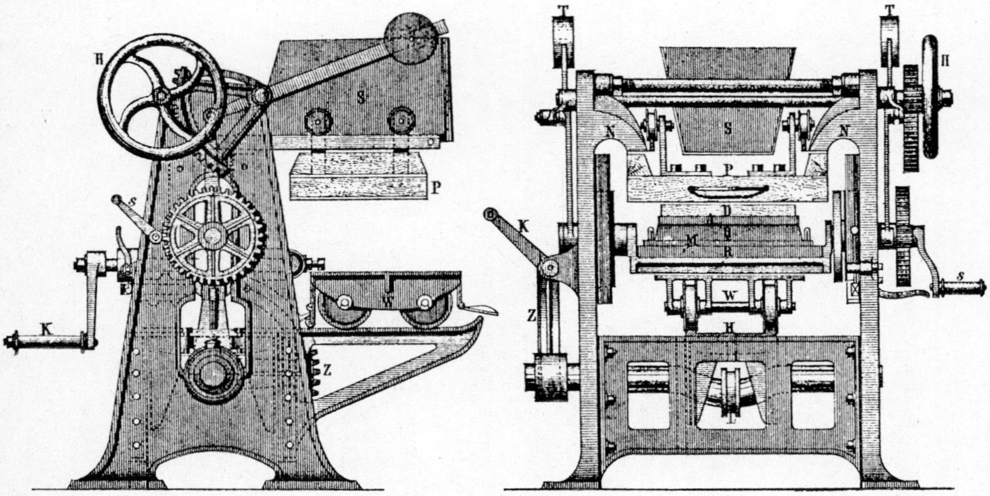

159 Mechanische Preßformmaschine v
Seboldt aus der 2. Hälfte des 19. Jh.

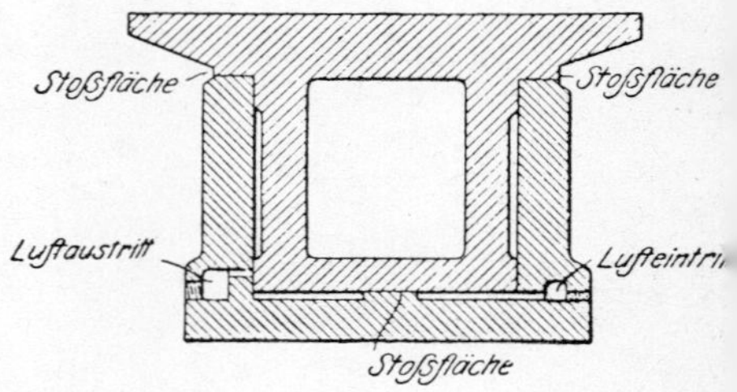

160 Hydraulische Dreistationen-Preßformmaschine in Drehtischanordnung vor 1920. Eine Wendeplatte erlaubt das Ausheben des Modells auch für schwierige Formen. Die drei Stationen werden von drei Arbeitern bedient: der erste Arbeiter setzt den Formkasten auf, füllt Sand ein und legt die Preßplatte auf den Formsand; der zweite Arbeiter preßt; der dritte wendet die Wendeplatte mit dem daran befindlichen Formkasten und setzt die Form mit Hilfe eines besonderen hydraulischen Kolbens auf einen Formentransportwagen (Wasseralfingen).

161 Funktionsschema pneumatisc
Rüttelformmaschinen vor 1920.

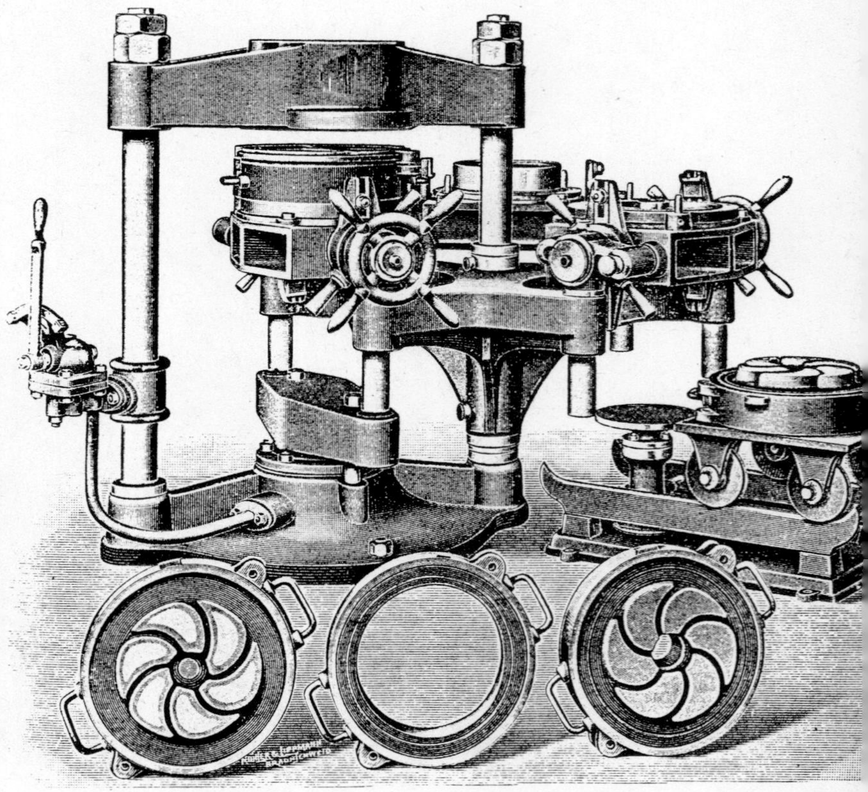

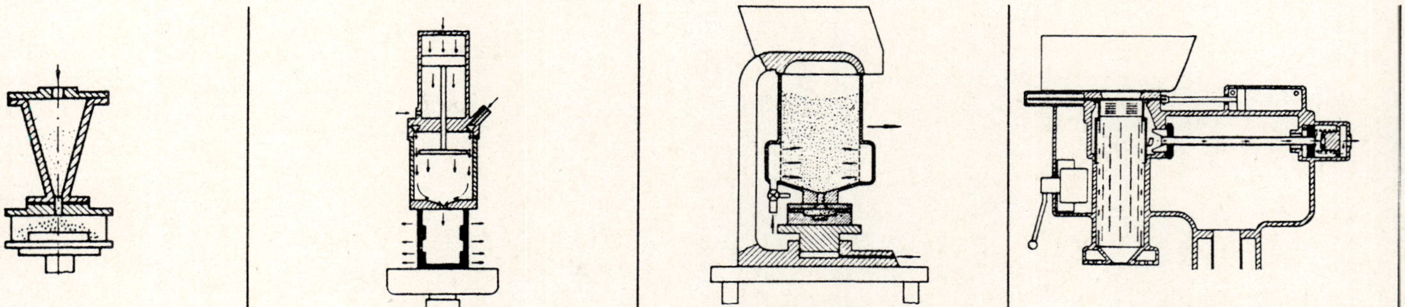

Verfahren der pneumatischen Sanddichtung.

faktor Frankenfeld, Modellmeister Heyder und Formermeister Flentje auf dem Hüttenwerk "Rotehütte" im Harz an. Die Behandlung deutscher Formmaschinen im Schrifttum beginnt mit einem Bericht von Hüttendirektor Stentz aus Gleiwitz im Jahre 1865, und die ersten zusammenhängenden Darstellungen finden sich 19o5 bei H. Fischer in seinem Buch "Werkzeugmaschinen" und im "Handbuch der Eisen- und Stahlgießerei" von C. Geiger (1916).

Der sehr guten Darstellung von W. Gesell (144) folgend, beginnt die Mechanisierung der Formherstellung beim Trennen von Form und Modell (Bild 156). Das Aussenken des Modells aus der Form geht auf die Erfindung des Gießereibesitzers Lohse, Hamburg, aus dem Jahre 1867 zurück. Eine Variante ist die Durchziehformmaschine (Bild 157). Das Abheben der Form vom feststehenden Modell wird 1879 von der Firma Gebr. Reuling in Mannheim benutzt. Dabei werden durch eine Handspindel vier auf einer Platte sitzende Abhebestifte angehoben. Ähnliche Anordnungen zeigen auch die frühen Durchziehformmaschinen aus Wasseralfingen (Bild 158).

Die erste Preßformmaschine mit Abhebevorrichtung wurde in den Werkstätten der Firma Seboldt & Neff in Durlach von G. Seboldt 1867 konstruiert. Sie arbeitete noch mit Handbetrieb und wurde zur Erzeugung von Massenartikeln, besonders Nähmaschinenteilen, 1872/73 in größerer Anzahl im eigenen Betrieb aufgestellt (Bild 159). Dem Handbetrieb folgte bald der hydraulische Antrieb, und eine weitere Rationalisierung ist in der Anordnung einer Wendeplatte als Modellträger zu erkennen (Bild 16o).

Die frühen hydraulischen Maschinen wurden mit Preßwasser betrieben. Nach und nach setzte sich aber dann der pneumatische Antrieb mit Druckluft für Rüttelpreßformmaschinen (Bild 161) durch. So wurde allmählich die ursprüngliche Sandverdichtung durch Stampfen sowie mit Hilfe schwerer Rollen oder Kugeln, die über den Sand bewegt wurden, durch Pressen und Rütteln abgelöst.

163 Von der Handfertigung der Kerne (Kernmacherei in den USA um 188o) zum modernen Kernherstellungsautomaten (um 198o) mit Kernablage auf Band sowie Schutzgehäuse gegen Unfallgefahr und Luftverunreinigung.

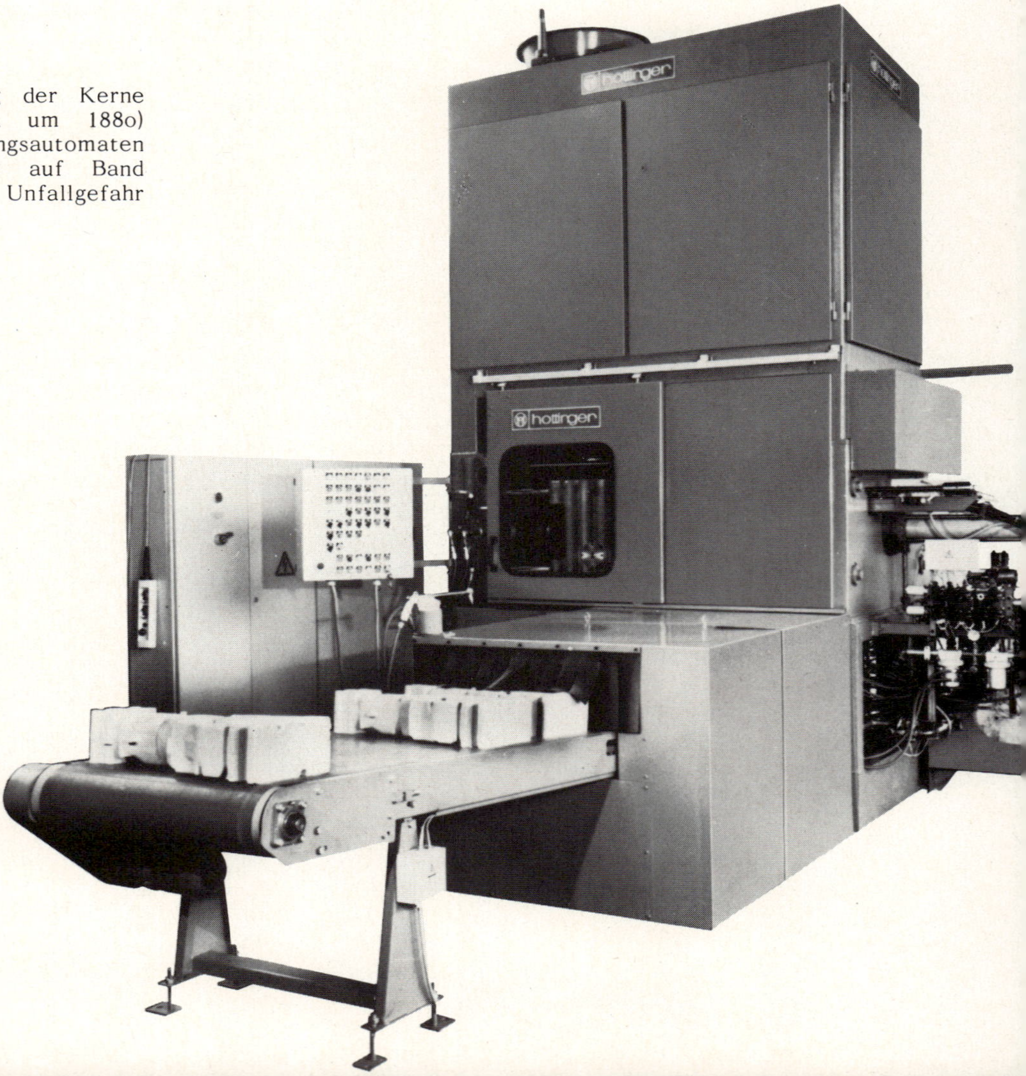

Neben der Formstoffbindung mit Ton hat sich schon früh die chemische Bindung eingeführt, besonders für die Kernherstellung. Zu Beginn dieses Jahrhunderts benutzte man Asphalt- und Dextrinbinder, 1917 ist bereits das Zementsandformverfahren bekannt, und in den zwanziger Jahren folgen Kernöle, die durch Oxidation in der Wärme eines Trockenofens aushärten. Das 1943 Johannes Croning patentierte Maskenformverfahren, das erstmals thermoplastische Kunstharzbinder benutzt, leitet eine neue Epoche in der Formtechnik ein. In den fünfziger Jahren folgen Wasserglas und andere heiß- sowie kalthärtende Kunstharze. Naturgemäß ist die Entwicklung der Bindemittel eng mit der Maschinentechnik für die Sandaufbereitung sowie für die Form- und Kernherstellung verbunden.

Das Einblasen von Formsand in die Form mit Hilfe von Druckluft geht auf ein Patent von Breslauer und Schlickeysen aus dem Jahre 1884 zurück (142), fand aber erst mit dem Bau einer entsprechenden Maschine durch die Firma Demmler, Kewanee, Ill. (USA) im Jahre 19o9 praktische Anwendung. Es folgen mehrere Vorschläge (Bild 162) bis zur Einführung der Kernschießmaschine ab 195o durch Hansberg in Modena. Die pneumatischen Verdichtungsverfahren haben vor allem die Kernherstellung revolutioniert. Der Weg führte von der arbeitsaufwendigen Kernherstellung von Hand zu vollautomatischen Maschinen, bei denen die fertigen Kerne vom Band abgenommen werden (Bild 163).

Der Grundgedanke der Schleuderformmaschine, Sand mit hoher Geschwindigkeit auf das Modell zu schleudern und dadurch zu verdichten, ist in dem schon erwähnten Patent von Breslauer und Schlickeysen aus dem Jahre 1884 enthalten, hat aber zunächst keine praktischen Auswirkungen gehabt. Die erste Nachricht, daß die Firma Beardsley & Piper, Chicago, sich mit dem Bau des Sand-"Slingers" befaßt, läßt sich etwa 1915 nachweisen. Aber auch die Axmann KG, Köln, begann schon 192o mit dem Bau von Schleuderformmaschinen, und ein Jahr später hat J.H. Küster in Köln-Deutz erstmals eine solche Maschine im Betrieb angewandt. In größerer Breite begann sich der Sandslinger aber erst nach 195o durchzusetzen. Mit dem Aufkommen der schnellhärtenden Kaltharzbinder ist der Sandslinger wieder in den Hintergrund getreten.

Die letzten beiden Jahrzehnte brachten auf dem Gebiete der Formherstellung Entwicklungen, die hier nur angedeutet seien: die physikalischen Verfahren der

164 Formherstellung mit binderfreiem Sand beim Vakuum-Formverfahren. Durch den Unterschied zwischen atmosphärischem Druck und mit Vakuumpumpen erzeugtem Unterdruck in der Sandpackung wird eine dünne Kunststoffolie über die Konturen der Form gepreßt. Die auftretenden Kräfte verdichten den Sand so, daß er dem Gießdruck des Metalls widersteht.

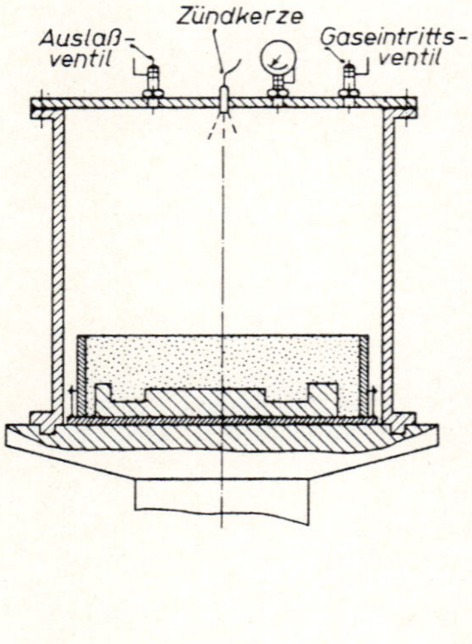

165 Die in der russischen Literatur nach 1960 mehrfach beschriebene Formverdichtung nach dem Explosionsformverfahren hat sich zunächst nicht bewährt, wurde aber neuerdings in verbesserter Form wieder aufgegriffen.

Formverfestigung, z.B. durch ein Magnetfeld, durch Vakuum (Bild 164) sowie durch Einfrieren, oder aber auch die Sandverdichtung durch Druckwellen mit Hilfe der Verpuffung eines zündfähigen Gasgemisches (Bild 165) oder durch plötzliche Expansion von Druckluft. Zur zunehmenden Mechanisierung der Formsandaufbereitung sei lediglich auf einen Bericht von W. Gesell und W. Riege verwiesen (145).

Auch das seit ältesten Zeiten bekannte Wachsausschmelzverfahren hat sich in der industriellen Fertigung von Feinguß-Massenteilen bewährt und ist zu grosser Bedeutung gelangt (Bild 166).

Industrielle Gießverfahren mit Dauerformen

Große Fortschritte wurden beim Gießen in Dauerformen erreicht, besonders, nachdem man gelernt hatte, die Formen (Kokillen) aus genügend temperaturbeständigen Werkstoffen herzustellen und gegebenenfalls mit Luft oder Wasser zu kühlen. Die Dauerformverfahren werden hauptsächlich in Nichteisenmetall-, aber auch in Eisengießereien eingesetzt.

Zu unterscheiden sind

- das Kokillengießen; die Form füllt sich durch die Schwerkraft des flüssigen Metalls (146),
- das Druckgießen: flüssiges Metall wird unter Druck in die Form gepreßt (147),
- das Schleudergießen: durch Fliehkräfte, die auf das flüssige Metall einwirken, entstehen in sich drehenden Dauerformen rotationssymmetrische Körper wie Rohre oder Buchsen, aber auch bei entsprechender Anordnung Formgußteile (148),
- das Stranggießen: aus einer manschettenartigen gekühlten Kokille wird ein Metallstrang gezogen (149).

Die industrielle Anwendung des Kokillengusses für Eisengußwerkstoffe begann Anfang dieses Jahrhunderts. Bereits 1898 erwirbt H. Rolle das erste deutsche Patent auf eine Gießform aus Metall, die vor dem Eingießen von Gußeisen einen Teerüberzug erhielt. Eine Gießmaschine von H. Rolle ist 1912 bekanntgeworden (146).

Großes Aufsehen erregte um 1908 auch die Nachricht, daß es der Takony Iron Co., Takony, Pe. (USA), gelungen sei, Wasserleitungsröhren in bleibende Formen zu gießen. Gute Ergebnisse erhielt man aber nur, wenn

166 Beim industriellen Feinguß, der aus dem seit der Antike bekannten Wachsausschmelzverfahren entwickelt worden ist, werden die Wachsmodelle zu einer Gießtraube zusammengefügt. Danach erhalten sie durch mehrmaliges, zunehmend mechanisiertes Tauchen einen feuerfesten Überzug. Dieser wird anschließend gebrannt, wobei das Modellwachs herausschmilzt.

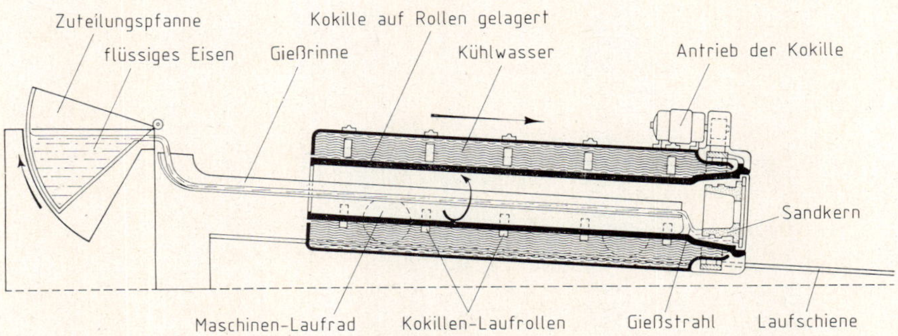

167 Schleudergießmaschine zur Herstellung gußeiserner Rohre in einer umlaufenden, wassergekühlten Kokille, System Briede-De-Lavaud.

man die Zeitspanne vom Guß bis zum Auswerfen des Rohres aus der Klappform ganz genau regelte (134). Dies geschah selbsttätig durch Anwendung eines Gießkarussells.

Das Verfahren des Rohrgießens in gußeiserne Dauerformen unter Anwendung der Zentrifugalkraft (134), (148) wurde um 1915 in Sao Paulo, Brasilien, erstmalig angewandt und frühzeitig in Frankreich eingeführt. Dabei wurde die Gießform zunächst durch eine Wasserbrause gekühlt (134). Schleudergußrohre (Bild 167) haben in den folgenden Jahrzehnten den Weltmarkt erobert.

Auch das Stranggießverfahren (149) hat der Gießereitechnik neue Anwendungsgebiete eröffnet: die kontinuierliche Herstellung unterschiedlichster Profile.

Breiteste Anwendung fanden die Dauerformverfahren naturgemäß bei den niedriger schmelzenden Nichteisenmetallen, bei denen sie heute stark vorherrschen. Die Hälfte der Aluminium-Gußerzeugung entfällt heute auf das Druckgießverfahren (147) (siehe Bild 14o), und etwa ein Drittel ist Kokillenguß.

168 Naßputztrommel von Bopp und Reuther in Mannheim um 19oo.

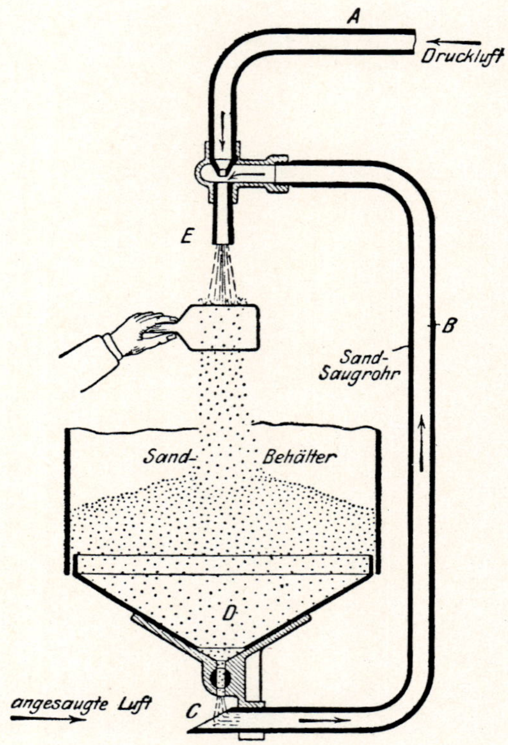

169 Ansaugesystem zum Druckluft-Sandstrahlen nach der Jubiläumsschrift der Firma Gutmann in Ottensen.

17o In Nasmyths Zeichnungen von Gießpfannen ohne und mit Schneckenradgetriebe zeigt der Erfinder das leichte und gefahrlose Kippen und die erhebliche Personaleinsparung beim Gießen aus schweren Pfannen (152).

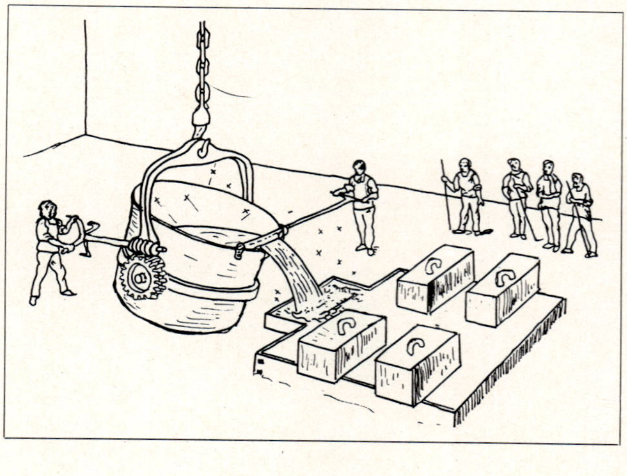

Mechanisiertes Putzen von Rohguß

Das aus der Form kommende Gußstück muß noch von Eingüssen, Grat und Sandanhang befreit werden. Von diesem "Putzen", das schon auf der attischen Trinkschale um 48o v. Chr. (siehe Bild 21) und auch bei Diderot/d'Alembert dargestellt wird (siehe Bild 92), war bisher nicht die Rede. Bis in die jüngere Entwicklung, die diesem arbeitsaufwendigen Vorgang große Aufmerksamkeit widmet, war die Putzerei oft Stiefkind der gießereitechnischen Entwicklung.

Die Mechanisierung des Entfernens von Eingüssen, Grat, Sand und Rost von den Gußstücken läßt sich bis in das 19. Jh. zurückverfolgen (143), (15o). Schon 1827 werden mechanisch angetriebene Trommeln zum Putzen durch das Aneinanderscheuern der Gußstücke erwähnt (151). Die Putztrommel, auch Rommelfaß genannt, war bis in die fünfziger Jahre dieses Jahrhunderts die verbreiteste Gießereimaschine zum Reinigen der Gußoberfläche. Sie ist im Laufe der Zeit in zahlreichen Varianten entwickelt worden, so auch zur chemischen Behandlung (Bild 168) und zum Polieren der Gußstücke.

Eine entscheidende Verbesserung war der Gedanke des Amerikaners Benjamin Chew Tilghman (1871), Quarzsand mit Hilfe von Druckluft, Dampf, Wasser oder Schleuderrädern auf ein Werkstück zu strahlen und so dessen Oberfläche durch Abrieb zu reinigen. 1873 stellte Tilghman seine Gußputzmaschine, die nach dem Saugsystem arbeitete, auf der Wiener Weltausstellung aus. In Deutschland lieferte 1885 Alfred Gutmann das erste "Sandstrahlgebläse" nach der Konstruktion von Tilghman (Bild 169). Die Erfindung des Drucksystems um 1893 durch Mathewsun führte zu einem Wettbewerb beider Verfahrensweisen, in dem sich für intensive Strahlarbeiten nach und nach das Drucksystem durchsetzte.

Strahlanlagen mit Schleuderrädern, wie sie z.B. 1893 der Badischen Maschinenfabrik, Karlsruhe-Durlach,

171 Eines der frühesten Beispiele f die Gießereimechanisierung ist vor 18 die Gießerei der Westinghouse Co bei Pittsburgh/USA. Eine Wagenba verbindet Formmaschinen, Kupolöf und Putzerei miteinander (153).

patentiert worden sind (15o), bewährten sich zunächst nicht, weil die hohen Strahlgeschwindigkeiten das spröde Sandkorn zerstörten. Schon früh versuchte aber Tilghman, außer Sand auch Glas, Schlacke und Eisenteilchen als Strahlmittel zu verwenden. Mit der Entwicklung harter metallischer Strahlmittel verbreitete sich das Schleuderstrahlen, und Mitte dieses Jahrhunderts setzte eine Entwicklung ein, die nach und nach wegen der Silikose-Gefahr bis auf Sonderfälle zum Verbot der Anwendung von Quarzsand in Strahlanlagen führte. Eine Vielfalt metallischer Strahlmittel setzte sich durch. Eine große Rolle spielt in der Geschichte der Strahlverfahrenstechnik die Entwicklung der Schleuderräder, die hier nur mit der Erwähnung des Einscheiben-Schleuderrades von Vogel & Schemmann, Hagen, und des Zweischeiben-Schleuderrades von Georg Fischer, Schaffhausen, angedeutet sei.

Schleifscheiben zum Entfernen der Angüsse und Grate sind nachweislich bereits 1882 mit Dampfmaschinen oder Wasserkraft angetrieben worden; der elektrische Antrieb folgte später. Nach 1883 wurde der Handmeißel allmählich durch den Druckluftmeißel abgelöst.

In den letzten 5o Jahren sind neue Technologien hinzugekommen. Angüsse wurden durch Abbrennen mit Sauerstoff oder durch Trennschleifen entfernt, das Druckwasserstrahlen, zunächst zum Putzen großer Gußstücke entwickelt, erlebte als Hochdruckstrahlen zum Entfernen keramischer Kerne aus Feingußteilen eine neue Anwendung, und auch Fräsmaschinen halten ihren Einzug in die Putzerei. Heutige Bemühungen zielen auf die Mechanisierung und Automatisierung des Putzens unter Einsatz elektronischer Steuerungen.

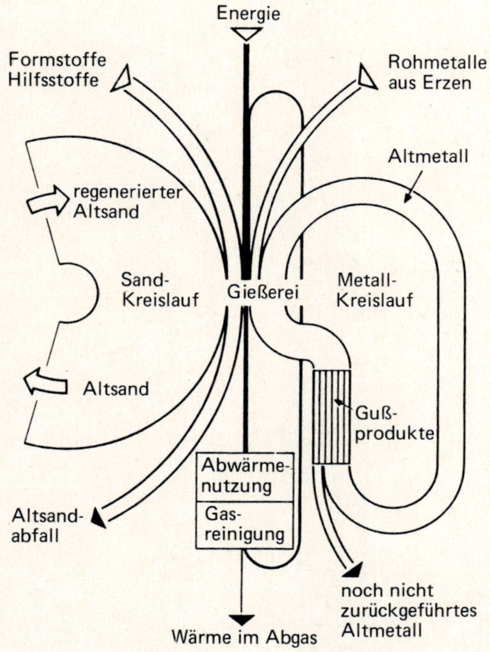

172 Vielfältig sind die Kreisläufe von Formsand, Metall und Energie in Gießereien. Sparsame Verwendung der Rohstoffe und größtmögliche Rückgewinnung der Einsatzstoffe und Energie kennzeichnen den modernen Gießereibetrieb.

Fließfertigung in der Gießerei

Besonders in der zunehmenden Serien- und Massenerzeugung der industrialisierten Gießerei zeigte sich die Notwendigkeit zur Mechanisierung der Handhabungs-

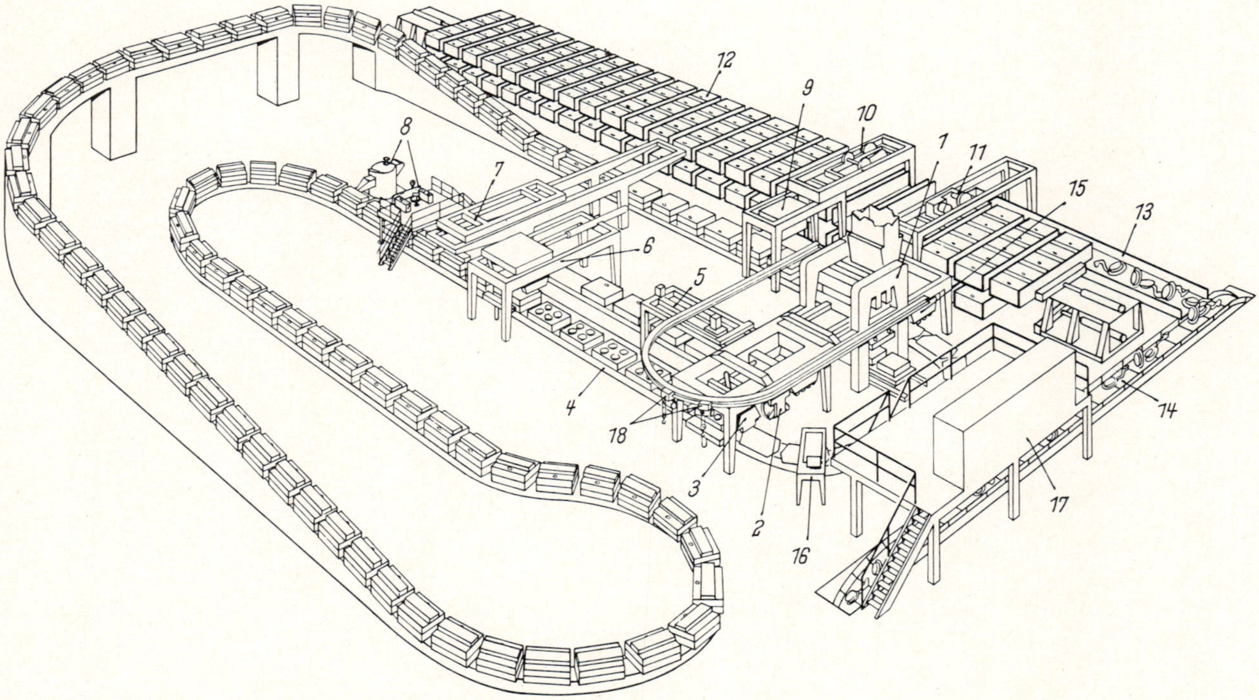

1 = Formmaschine
2 = UK-Wendegerät
3 = Übersetzstation für UK auf Standbahn
4 = Kerneinlegestrecke
5 = Kopiergesteuertes Trichterbohrgerät
6 = OK-Übersetz- und Zulegestation
7 = Beschwereisenübersetzgerät
8 = Pneumatisch gesteuerter Gießrinnenofen mit Steuersitz
9 = Sandballenausdrückgerät
10 = Schubgerät für Sandpaket auf Kühlförderer
11 = Schubgerät für Sandpaket von Förderer auf Vibrationsrinne
12 = Kühlförderer für Sandpakete mit Gußstücken
13 = Zwei Vibrationsroste zur Trennung der Gußstücke vom Sand
14 = Plattenbandförderer in die Putzerei
15 = Trenngerät für OK und UK
16 = Standbahnreiniger
17 = Steuerschrank mit Leitstand für Gesamtanlage
18 = Einschienenkatzen mit Elektrofahrwerk für Modellwechsel

173 In weitgehend automatisierten Gießereien sind die Fertigung von der Gattierungszusammensetzung über das Formen und Gießen bis zur Rohgußbearbeitung elektronisch überwacht und gesteuert.

und Transportvorgänge und des gesamten Arbeitsablaufs, einmal aus Gründen der Rationalisierung, zum anderen zur Befreiung des Menschen von schwerer körperlicher Arbeit. Prinzipiell gilt dies auch für die Einzelstückfertigung.

Ein bekanntes Beispiel, das den Beginn markiert, empfinden die Gießer als besonders epochemachend: die Ausrüstung schwerer Gießpfannen mit Schneckenradvorgelege (152). Die Zeichnung des Erfinders (Bild 17o) veranschaulicht drastisch die sicherere und personalsparende Arbeitsweise mit der durch das Getriebe mechanisierten Pfanne.

Zahnrad und Laufrad symbolisieren die Entwicklung der mechanisierten Gießerei "am Band". Ein Bildbericht in der Zeitschrift "Stahl und Eisen" 189o (153) veranschaulicht die industriellere Revolution in der Gießerei: der automatische Gießereibetrieb der Westinghouse-Luftbremsen-Gesellschaft zu Wilmerding bei Pittsburgh, USA, vor 189o (Bild 171). Die Formen werden auf hydraulischen Preßformmaschinen hergestellt und auf einem der 158 Tische der umlaufenden Wagenbahn abgesetzt, die am Kupolofen vorbeiführt. Nach Durchlaufen der Gießstrecke wandern die Formen in die angrenzende Putzerei zum Ausleeren.

Schon hier wird die große Bedeutung der Transportarbeiten in Gießereien deutlich. Um eine Tonne Gußstücke zu erzeugen, müssen viele Tonnen Material bewegt werden: Form- und Hilfsstoffe, metallische Einsatzstoffe, und, nicht zu vergessen: Luft! Die Windmenge des Kupolofens entspricht gewichtsmäßig nahezu der geschmolzenen Eisenmenge, und die abgesaugte Luft vieler Arbeitsstellen muß gereinigt werden. Der Energieaufwand für Luftbewegungen und Gasreinigung ist überraschend groß. Im übrigen kann die Gießereitechnik aber darauf hinweisen (Bild 172), daß sie wie kaum eine andere Technik in der Lage ist, aus alt neu zu machen. Jedes Gußstück, das seinen Dienst getan hat, kehrt in den Stoffkreislauf zurück. Und auch die Formstoffe werden immer wieder benutzt.

Heute erzeugen vollmechanisierte Gießereien (Bild 173) auf programmierbaren Fertigungsanlagen Guß für alle Verwendungszwecke: den Fahrzeugbau, den Maschinenbau, die Energietechnik, die chemische Industrie, die Luft- und Raumfahrt und die Bautechnik.

5ooo Jahre Gießen von Metallen - eine Technik im Wandel der Zeit. Eine Technik, die auch morgen gebraucht wird.

GIESSEN
FÜR DIE KUNST

175 Liyolo Limbe M'Puanga, Kinshasa, Rep. Zaire: Nymphe

174 Henry Moore: König und Königin
Openluchtmuseum voor Beeldhouwkunst Middelheim

176 Kerneinlegen

177 Formanlage

GIESSEN FÜR DIE TECHNIK

178 Formen mit Kaltharzbindern

179 Schmelzebehandlung

180 Feinguß-Teile

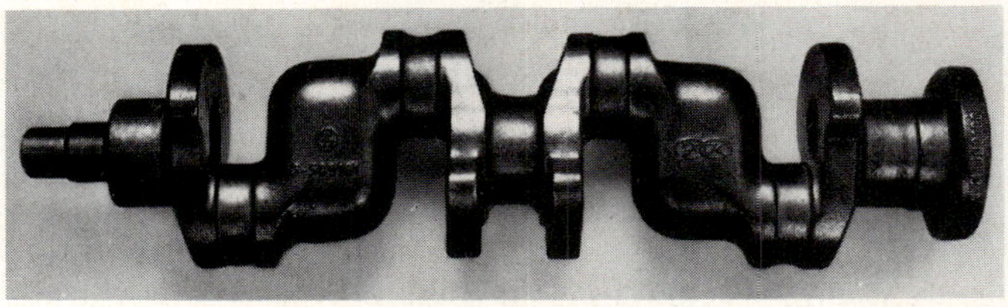

181 Kurbelwelle

182 Zylinder-Laufbüchse für Schiffsdiesel

183 Hydraulische Maschinen

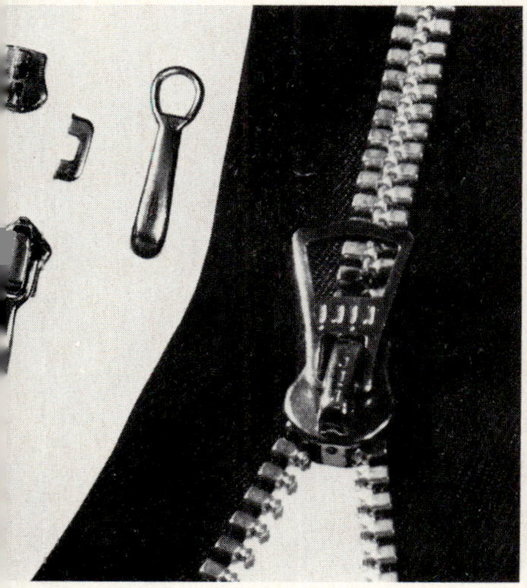

184 kleinste Gußteile

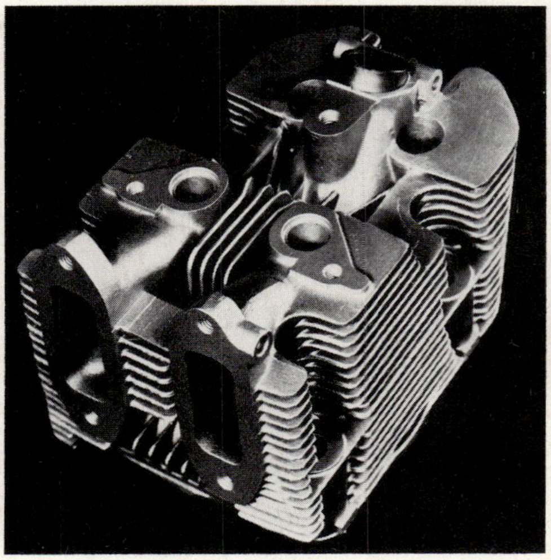

185 dünnwandige Verrippungen

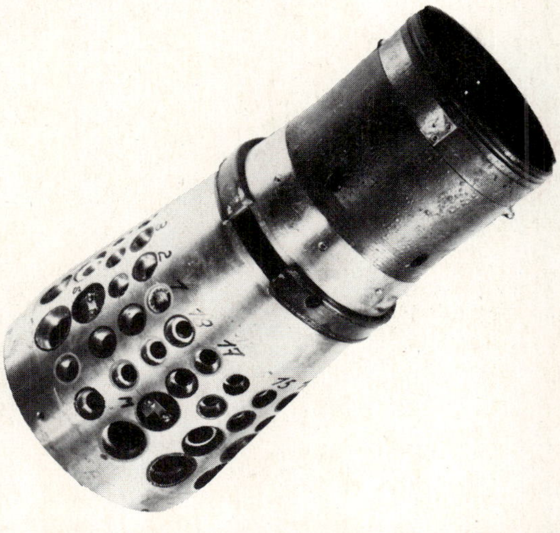

186 Weltraumsonde

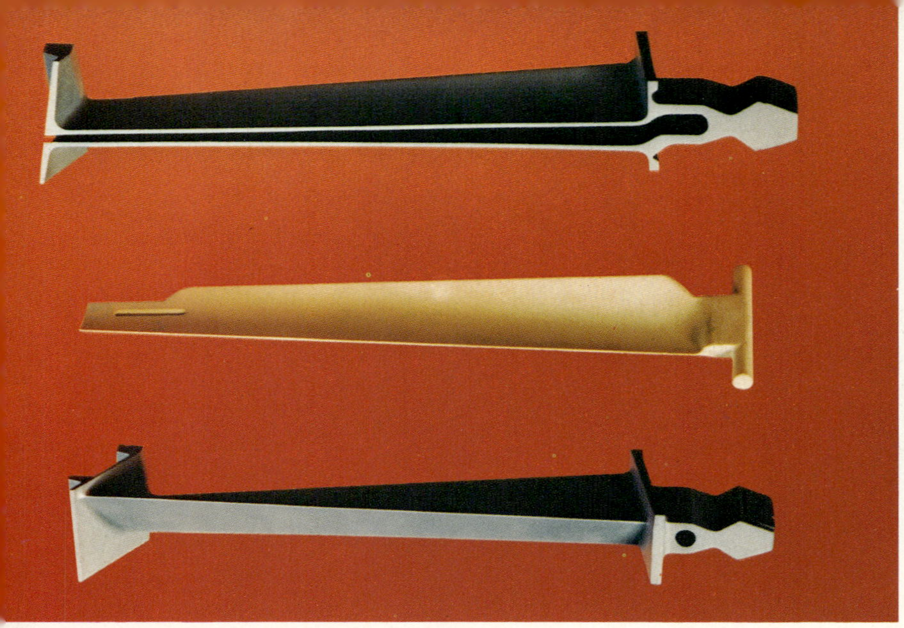

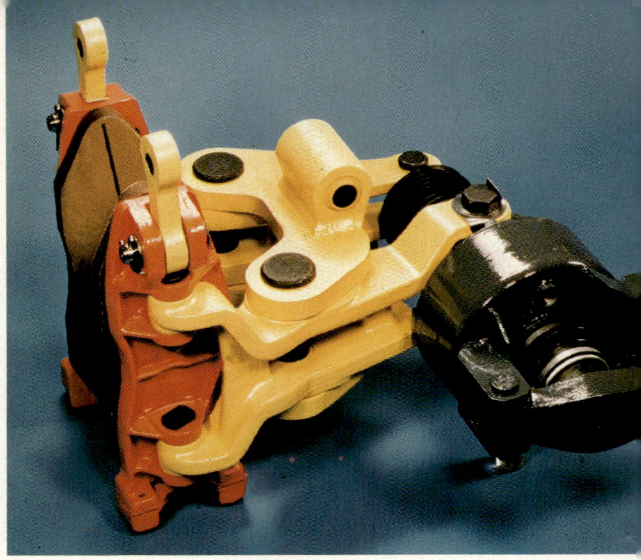

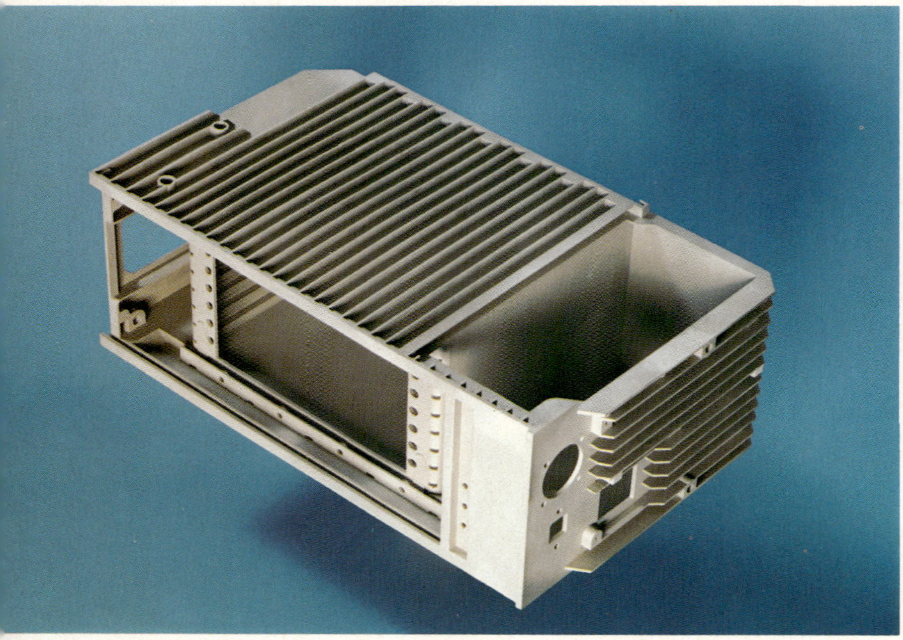

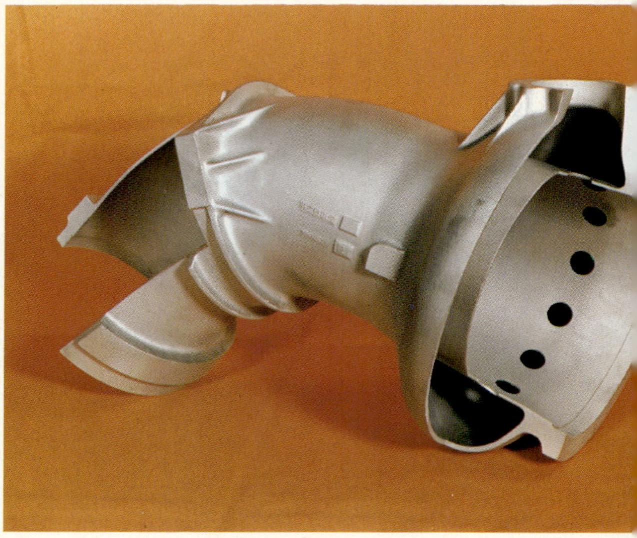

187 Von der Feinguß-Turbinenschaufel bis zur Hochleistungsbremse für Superzüge –
Guß hält stand

188 Formen und Gießen - moderne Fertigung

8. ZEITTAFEL ZUR ENTWICKLUNG DER GIESSEREI-TECHNIK

Um 6000 v. Chr.	Feuerungen zum Brennen von Ton sind in Vorderasien bekannt.
Um 4000 v. Chr.	Vorderasiatische Völker schmieden und gießen gediegenes Gold und Kupfer.
2500 v. Chr.	Neben dem Gießen in offene Formen (Herdguß) und in Dauerformen (aus geeigneten Steinen) ist das Wachsausschmelzverfahren bekannt.
Nach 2000 v. Chr.	Bei den vorgeschichtlichen Funden dieser Zeit überwiegen solche aus Bronze als Kupfer-Zinn-Legierung; die früheren Funde bestehen meist aus Kupfer bzw. mit Arsen oder Blei legiertem Kupfer aus Mischerzen.
Um 1800 v. Chr.	Älteste Sandsteingießform in Mitteleuropa (Beilform von Olmütz - CSSR).
Um 1500 v. Chr.	In Ägypten wird das Blasrohr beim Schmelzen der Metalle in Tiegeln durch den Blasebalg ersetzt.
Um 1000 v. Chr.	Aus dieser Zeit stammt der größte bronzezeitliche Fund auf deutschem Boden an Sandstein-Gießformen (Neckargartach/Heilbronn).
Nach 1000 v. Chr.	Fertigung von Waffen, Werkzeugen und Schmuck aus niedrig gekohlten Eisenluppen, nicht dagegen aus Gußeisen (Beginn der Eisenzeit in Mitteleuropa).
850/700 v. Chr.	Datierung der Bronzeräder von Stade.
Nach 500 v. Chr.	Beginn des Eisengusses in China. Zu den ersten Massenerzeugnissen gehören wärmebehandelte Ackergeräte.

Nach 5oo v. Chr.	Den Griechen gelingen die ersten Bronzehohlgüsse von Heroen.
Um 3oo v. Chr.	Der Koloß von Rhodos entsteht als Bronzeguß, das 3o m hohe Weltwunder wird später zerstört.
Um 5o v. Chr.	Erste gegossene Gefäße und Münzen im Römischen Reich (hergestellt durch Einschmelzen von Kupfer mit Galmei und Kohle, Verfahren übernommen von kaukasischen Völkern).
Um 7o n. Chr.	Plinius der Ältere berichtet in der "Naturalis Historia" über Kenntnisse der Gewinnung und Verarbeitung von Metallen.
747/749 n. Chr.	Errichtung der 38o t schweren Buddha-Statue aus einer Arsen-Zinn-Bronze in Nara (Japan).
Um 8oo	Karl der Große gibt mit einer Gießhütte in Aachen der Bronzekunst großes Ansehen; erhalten sind u.a. eine Bronzetür und Emporengitter am Aachener Dom.
Um 85o	Bronzeglocken von Haithabu gegossen.
1o15/1o2o	Auf Veranlassung des Bischofs Bernward werden für den Dom zu Hildesheim die mit biblischen Darstellungen geschmückten Türen und die Christussäule gegossen.
114o	Der Mönch Theophilus beschreibt in der Schrift "De diversis artibus" die damals bekannten Gieß- und Verformungstechniken für Kupfer- und Zinnlegierungen.
1166	Heinrich der Löwe läßt vor seiner Burg Dankwarderode in Braunschweig die aus einer Cu-Zn-Sn-Pb-Legierung (vgl. Tafel 4) hohlgegossene Figur eines Löwen errichten.

Um 1225	Ein kennzeichnendes Gußstück des hohen Mittelalters ist das Taufgefäß im Hildesheimer Dom aus einer Cu-Zn-Pb-Sn-Legierung (vgl. Tafel 4).
13oo	Nutzung der Wasserkraft für den Gebläseantrieb bei metallurgischen Öfen.
Nach 135o	Es werden die ersten Geschütze aus Zinn-Bronze gegossen.
Um 14oo	Gußeiserne Kugeln und Grenzpfähle in Frankreich und Deutschland.
1445	Johann Gutenberg erfindet das Buchdruckverfahren mit beweglichen Bleiguß-Lettern.
1454	Im Feuerwerksbuch des Berliner Zeughauses wird das Schmelzen von Bronze und Eisen behandelt.
1455	Für das Schloß Dillenburg wird eine gußeiserne Wasserleitung aus rd. 1 m langen Rohrstücken hergestellt.
1497	Älteste datierte gußeiserne Kaminplatte; die Modeln wurden im offenen Sandbett eingeformt. Mit der Herstellung von Ofen- und Grabplatten beginnt die erste Periode künstlerischen Eisengusses.
Um 15oo	Zink wird erstmalig in Indien gewonnen.
1517	Nicolas Bourbon veröffentlicht das Lehrgedicht "Ferraria" über den Hochofenbetrieb seines Vaters.
1538	Der Siegener Meister Hans Pender gießt einen verzierten gußeisernen Mörser.
154o	Der Italiener Vannoccio Biringuccio beschreibt in dem Buch Pirotechnia die Herstellung von Bronze- und Eisenguß.

1556	Der Deutsche Georg Agricola veröffentlicht das Buch "De re metallica" - zwölf Bücher vom Berg- und Hüttenwesen (Schwerpunkt der Ausführungen ist die Kupfer- und Zinngewinnung im sächsisch-böhmischen Raum).
1568	Von dem Italiener Benvenuto Cellini, der hervorragende Goldschmiedearbeiten und Bronzegüsse geschaffen hat, kommt die Abhandlung über die Goldschmiedekunst und die Sculptur heraus.
163o/167o/72	David Ramsey und Ruprecht von der Pfalz erhalten englische Patente zur Wärmebehandlung von Gußeisen.
1668	Der Schloßpark von Versailles erhält aus geflanschten Gußrohren mit Weiten bis zu 5oo mm eine Wasserleitung von etwa 4o km Länge.
Um 171o	A. Darby I. erhält ein Patent für die Kastenformerei von Kochtöpfen mit nassem Sand. Der englische Hütten- und Gießereibesitzer ersetzt Holzkohle in Hochöfen mit Erfolg durch Koks. Zur gleichen Zeit wird in Flammöfen von englischen Gießereien die knapp werdende Holzkohle durch Koks ersetzt.
1713	Für die Wasserkunst des Schlosses Wilhelmshöhe bei Kassel wird eine Gußrohrleitung gelegt, von der Teile heute noch betriebsfähig sind.
1722	Buch von Rêaumur über Temperguß und Stahl; erste nachgewiesene Gefügebeobachtung von technischem Eisen.
1758	Isaak Wilkinson erhält ein englisches Patent für das Gießen von Eisenrohren in Formsand unter Zuhilfenahme eines Modells und eines Formkastens.

1760	Diderots Enzyklopädie bringt bebilderte Beschreibungen der damaligen Gießereitechnik.
1768	John Smeaton erbaut für die Carronhütte in Schottland das erste eiserne Zylindergebläse und fördert damit die Verwendung von Gußeisen im Maschinenbau.
1778	Abraham Darby III. gießt die Teile der ersten gußeisernen Brücke über den Severn (England) und führt damit das Gußeisen in den Brückenbau ein.
1789	Im Eisenwerk Lauchhammer wird das Gießen von Geschirr in Sandformen eingeführt.
Um 1790	James Watt verbessert die Dampfmaschine durch den Vakuumbetrieb.
1794	John Wilkinson beschreibt in einem englischen Patent einen Schachtofen, der sich auch zum Eisenschmelzen eignet.
1796	Inbetriebnahme des ersten deutschen Kokshochofens in Gleiwitz.
Um 1800	Entdeckung der Leichtmetalle: 1791 Titan, 1808 Magnesium, 1825 Aluminium.
Nach 1800	Allmähliche Trennung von Hochofenbetrieb und Eisengießerei; erste unabhängige Eisengießerei auf deutschem Boden ist die 1804 gegründete Königliche Eisengießerei in Berlin.
1800-1850	Zweite Periode des künstlerischen Eisengusses. Vorwiegend getragen von den preußischen Werken in Gleiwitz, Berlin und Sayn.
1809	A.J. Eckhart erhält ein englisches Patent für das Schleudergießen.

1817	Georg von Reichenbach legt zwischen dem Salzbergwerk Berchtesgaden und Reichenhall eine Gußrohrleitung für Salzsole (Betriebsdrücke bis 43 at), die bis 1925 in Betrieb bleibt.
182o	Johann Conrad Fischer, Schaffhausen, stellt als erster Temperguß nach englischem Vorbild fabrikmäßig auf dem europäischen Kontinent her.
1827	Einführung der Modellplatte.
Vor 183o	Der Amerikaner S. Boyden modifiziert die Tempergußherstellung durch nichtentkohlendes Glühen (schwarzer Temperguß).
Um 183o	Erste Versuche zur Windvorwärmung für Kupolöfen (Sayner Hütte und Wasseralfingen).
1838	James Nasmyth verwendet eine Gießpfanne mit Schneckenradvorgelege, wodurch das Gießen vereinfacht und arbeitssicherer wird.
1849	Zum ersten Mal wird mit dem elektrischen Lichtbogen versuchsmäßig Metall geschmolzen.
Vor 185o	Erster Formguß aus Tiegelstahl durch Jakob Mayer, Bochum (Glocken), und Georg Fischer, Schaffhausen (Zahnräder), nachdem ein geeigneter Formstoff auf der Grundlage von Schamotte und eine Graphit-Formschlichte gefunden waren.
1851	Bau des Kristallpalastes in London aus Gußeisenträgern und Tafelglas.
1855	Charles de Bergue zeigt bei der Pariser Weltausstellung die erste Abhebeformmaschine.

1865	In Titusville/USA wird die erste Erdöl-Pipeline aus Gußeisen mit einer Länge von rd. 8 km verlegt.
1865	Erster Kupolofen mit Eisensammelraum (J. Ireland).
1865	Erste Gefügeaufnahmen von technischem Eisen durch Sorby.
1867	Die Brüder Roots zu Connersville (Indiana) erfinden das gut regelbare Kapselgebläse für Kupolöfen.
187o/72	Benjamin Chew Tilghman in Philadelphia erfindet das Sandstrahlgebläse (Beginn der Mechanisierung der Putztechnik).
1871	Heinrich Krigar, Hannover, führt in Deutschland den Kupolofen mit Vorherd ein.
1872/73	G. Seboldt baut in Durlach die erste Formmaschine mit mechanischer Sandverdichtung.
1875	Erfindung der Wendeplattenformmaschine durch F. Dehne und G. Wollwough in Halberstadt.
189o	Erstes Fließband im Gießereibetrieb bei Westinghouse Co. (USA).
Nach 189o	Die Entwicklung von Otto- und Dieselmotoren bringt für Gußeisen neue Anwendungsgebiete.
Um 1895	Erste Anwendung von Kernschießmaschinen, nachdem die Möglichkeiten der pneumatischen Sandförderung erkannt waren.
1898	Erstes Motorgehäuse für einen Ottomotor aus Aluminiumguß.
1898	Patent von Menne zum Sauerstoffbrennschneiden von Metallen.

Um 19oo	Erste Strahlputzanlage mit mechanischer Beschleunigung des Strahlmittels (Schleuderstrahlmaschinen).
19o6	P. Goerens erkennt den Wert perlitischer Struktur für die Festigkeitssteigerung von Gußeisen.
19o8	Erster Netzfrequenz-Rinnen-Induktionsofen.
19o9	Erste Magnesium-Gußlegierung.
191o	Otto Briede führt die bewegliche Gießrinne beim Schleudergießen ein.
1912	Erster ölbeheizter Ofen zum Eisenschmelzen.
1914	Erste Sandslinger entwickelt (Formstoffverdichtung mit Schleuderrädern).
1916	Lanz-Perlit-Patent für Grauguß mit hoher Widerstandsfähigkeit gegen gleitende Beanspruchung.
Um 192o	Erste Versuche zum Putzen von Gußstücken mit Druckwasser.
Nach 192o	Zunehmende Bedeutung von Kokillen- und Druckguß für Aluminiumgießereien.
Nach 1921	Verwendung von Silumin (Aluminium-Silicium-Legierung) als Gußwerkstoff.
1924	E. Maurer veröffentlicht ein Gußeisendiagramm.
1924	Emmel und Krupp stellen erstmalig Gußeisen mit niedrigem Kohlenstoffgehalt bei Gattierung hoher Stahlschrottanteile her.
1925	Das De-Lavaud-Verfahren mit wassergekühlter Kokille zur Herstellung

	von gußeisernen Schleudergußrohren wird in den USA eingeführt. Einige Jahre vorher läßt sich W.D. Moore das Sand-Spun-Verfahren (rotierende Kokille mit angetrockneter Grünsandauskleidung) patentieren.
1928	Erstes Gußeisen-Normblatt DIN 1691.
Ab 193o	Zunehmende Anwendung von Pfannenzusätzen zur Schmelzebehandlung.
Nach 193o	Industrielle Anwendung des Wachsausschmelzverfahrens für Feinguß-Serienteile.
1935	Erster Netzfrequenz-Induktionstiegelofen.
1939	Erster moderner Heißwind-Kupolofen mit Stahlröhrenrekuperator.
194o	Entkohlendes Glühen von Temperguß in Gasatmosphäre (Gastempern).
1942/48	Arbeiten zur betriebsmäßigen Herstellung von Gußeisen mit Kugelgraphit.
1942	Grundlagenpatent von Croning für das Maskenformverfahren mit kunstharzgebundenem Sand.
Nach 195o	Entwicklung von wasserglasgebundenen Kernen und Formen (Kohlensäurehärtung).
Nach 195o	Titanguß für Chemieanlagen und Luftfahrzeuge.
Nach 195o	Mechanisierung, Automatisierung unter Verkettung der Gießereianlagen bei verstärkten Anforderungen für den Arbeits- und Umweltschutz sowie die Energiekostenminimierung.
Nach 1955	Thermische Analyse als Betriebsmeßverfahren für Gußeisenschmelzen.

Nach 1955	Zunehmende Verwendung von Kunstharz für Kern- und Formstoffbindung (Croning-, Hot-Box-, und andere Verfahren).
Nach 196o	Zunehmende Anwendung von elektrisch beheizten Öfen in Gießereien zum Schmelzen und/oder Warmhalten des flüssigen Metalls.
Nach 1965	Verfahren zur physikalischen Bindung der Formstoffe (Magnet-, Vakuum- und Gefrierformverfahren).
Nach 197o	Anwendung von Manipulatoren und Robotern zur Humanisierung von staub- und hitzebelasteten Arbeitsplätzen in Gießereien.

9. SAMMLUNGEN ZUR ENTWICKLUNG DES GIESSEREIWESENS UND DES KÜNSTLERISCHEN GUSSES

Die folgende Zusammenstellung öffentlicher und firmeneigener Museen und Sammlungen in der Bundesrepublik Deutschland und Berlin (West) erhebt keinen Anspruch auf Vollständigkeit.

TECHNOLOGISCH AUSGERICHTETE SAMMLUNGEN

Deutsches Museum, München
Die Gießereiabteilung zeigt mit Anschauungsstücken, Bildern, Tonbildschauen und praktischen Vorführungen die Herstellungstechnik in Vergangenheit und Gegenwart (154).

Freilichtmuseum Deutsche Vorzeit, Unteruhldingen-Bodensee
Bemerkenswert ist die Rekonstruktion eines Schmelzofens aus der frühen Bronzezeit mit den zugehörigen Werkzeugen (21).

Westfälisches Freilichtmuseum, Hagen
In einem historischen Gebäude ist eine bis nach 1900 betriebene Metallgießerei rekonstruiert.

Luisenhütte Wocklum, Balve/Westfalen
Die bis 1864 betriebene Eisenhütte mit Gießerei ist als technisches Kulturdenkmal zugänglich (155).

BRONZEGUSSAMMLUNGEN

Antiken-Museum, Berlin (West)
Bedeutende Sammlung griechischer Bronzen und antiken Gold- und Silberschmucks (156).

Römisch-Germanisches Zentralmuseum, Mainz
In den Sammlungen zur Vorgeschichte, zur Römerzeit und zum frühen Mittelalter finden sich bedeutende Bronzegüsse.

Pelizaeus-Museum, Hildesheim
Umfassende Darstellung von vorchristlichen ägyptischen Bronzegüssen.

Kestner-Museum, Hannover
Bedeutende Sammlung antiker Bronzegüsse.

Ostasiatisches Museum, Köln
Sammlung mit historischen chinesischen und japanischen Bronze- und Eisengußstücken.

Schleswig-Holsteinisches Landesmuseum, Schleswig
In den kunst- und kulturgeschichtlichen Sammlungen befinden sich Bronzegüsse aus der Wikingerzeit, so auch die Glocke von Haithabu.

Glocken-Museum, Gescher/Westfalen
Sammlung in Verbindung mit der Glocken- und Metallgießerei Petit & Gebr. Edelbrock, Gescher.

Glocken-Museum, Burg Greifenstein bei Sinn
Sammlung in Verbindung mit der Glocken-, Metall- und Kunstgießerei Gebr. Rincker, Sinn.

EISENGUSSAMMLUNGEN

Kunstgewerbemuseum und Schinkel-Pavillon, Schloß Charlottenburg, Berlin (West) (157) und Berlin-Museum, Berlin (West)
Ansehnliche Sammlungen künstlerischen Eisengusses des 19. Jahrhunderts (Medaillen, Plaketten, Schmuck, Ziergegenstände, bildlicher Guß, Möbel), besonders der ehemaligen Preußischen Eisengießereien in Berlin, Gleiwitz und Sayn.

Gaslaternen-Freilichtmuseum Tiergarten, Berlin (West)
Zahlreiche Laternen, Brunnen, Pumpen und Bänke zeigen als historische "Straßenmöbel" ein frühes bedeutendes Anwendungsgebiet für den Werkstoff Gußeisen (158).

Rathaus, Düsseldorf
Im Eingangsbereich sind 4oo historische Ofenplatten der Sammlung des Vereins Deutscher Eisenhüttenleute angebracht (86).

Marburger Universitätsmuseum für Kunst- und Kulturgeschichte, Marburg/Lahn
Eisenkunstgußsammlung, deren Hauptbestand etwa 15o Ofenplatten aus dem 16. bis 18. Jahrhundert, vor allem von hessischen Hütten, sowie einige gußeiserne Öfen sind.

Kreismuseum Neuwied/Rhein
Eisenkunstgußsammlung mit zahlreichen Stücken der ehemaligen Sayner Hütte.

Kunstgußmuseum Hirzenhain (Hessen) der Buderus AG, Wetzlar
Eisengußsammlung mit historischen Ofen- und Bildplatten, Plastiken, Schmuckstücken und kunstgewerblichen Gegenständen, auch aus der eigenen Erzeugung nach 195o.

Kaminplattensammlung der Halbergerhütte GmbH, Saarbrücken-Brebach
Etwa 2oo Platten von Hütten des Saarlandes, der Eifel, aus Lothringen und Luxemburg (159).

Kunstgußmuseum, Büdelsdorf bei Rendsburg
Historische Ofenplatten, vollständige Eisenöfen und künstlerischer Eisenguß der früheren Ahlmann-Carlshütte und anderer Hersteller (16o).

Kunstmuseum der Schwäbischen Hüttenwerke GmbH, Aalen-Wasseralfingen
Der Schwerpunkt der Sammlung liegt bei historischen Ofenplatten des 16. bis 19. Jahrhunderts, hauptsächlich von schwäbischen Hütten, sowie bei künstlerischem Eisenguß eigener Herstellung (91).

ZINNGUSSAMMLUNGEN

Deutsches Zinnfiguren-Museum, Kulmbach-Plassenburg
Etwa 3ooooo Zinnfiguren aus der Zeit nach 15oo.

VERSCHIEDENES

Bildarchiv Foto Marburg im Forschungsinstitut für Kunstgeschichte an der Philipps-Universität, Marburg/ Lahn
Fast 8ooooo Aufnahmen zur Kunst der Welt, darunter auch viele von historischen Gußstücken.

1o. SCHRIFTTUM UND ANMERKUNGEN

1) Schmidt, H.; Dickmann, H.: Bronze- und Eisenguß. Düsseldorf 1958.

2) Beck, L.: Geschichte der Eisen- und Stahlgießerei. In: Geiger, C. (Hrsg.): Handbuch der Eisen- und Stahlgießerei. Bd. 1. Berlin 1911. - S. 1-24.

3) Johannsen, O.: Geschichte des Eisens. 3. Aufl. Düsseldorf 1953. Vgl. Stahl u. Eisen 39 (1919) Nr. 45, S. 1457-1466, Nr. 52 S. 1625-1629.

4) Das Gießereiwesen in gemeinfaßlicher Darstellung. 3. Aufl. Düsseldorf 1953.

5) Simpson, B.L.: History of the metalcasting industry. 2. Aufl. Des Plaines Ill. 1969.

6) Tylecote, R.F.: A history of metallurgy. London 1976.

7) Krysko, W.W.: Lead in history and art / Blei in Geschichte und Kunst. Stuttgart 198o. Vgl. Krysko, W.W. u. J.: Beitrag zur Geschichte der Gießereitechnologie. Giesserei 7o (1983) Nr. 26, S. 692-698.

8) Britt, H.: 4ooo Jahre Gießen von Metallen in der Schweiz. Zürich 198o.

9) Stölzel, K.: Gießerei über Jahrtausende. 2. Aufl. Leipzig 1982.

1o) Moesta, H.: Erze und Metalle - ihre Kulturgeschichte im Experiment. Berlin 1983.

11) Wübbenhorst, H.: Zum frühen Bronzeguß in Asien, Ägypten und Europa. Giesserei 68 (1981) Nr. 25, S. 751-755.

12) Piwowarsky, E.: Form- und Gießtechnik in vorchristlicher Zeit. Giesserei 38 (1951) Nr. 21, S. 548-556; vgl. Beiträge zur Geschichte der Technik u. Industrie. Bd 22. Berlin 1933 - S. 25-28.

13) Otto, H.; Witter, W.: Handbuch der ältesten vorgeschichtlichen Metallurgie in Mitteleuropa. Leipzig 1952.

14) Sangmeister, E.: Reallexikon zur germanischen Altertumskunde. Bd. 3. Berlin 1976/78. Stichwort: Bronze.

15) Tylecote, R.F.: Metallurgy in archaeology: A prehistory of metallurgy in the British Isles. London 1962.

16) Grothe, H.: Über die Herstellung von Messing nach dem alten Galmeiverfahren. Erzmetall 24 (1971) Nr. 12, S. 587-592.

17) Die historischen Bezeichnungen Bronze, Messing und Rotguß werden in den Werkstoff-Normen nicht mehr direkt, im allgemeinen Sprachgebrauch aber noch weitgehend angewendet. Nach den Normen sollten als Bronze Kupfer-Zinn(-Blei)-Legierungen, als Messing Kupfer-Zink(-Blei)-Legierungen und als Rotguß Kupfer-Zinn-Zink(-Blei)-Legierungen bezeichnet werden.

18) Riederer, J.: Kunsthandwerke chemisch betrachtet - Materialien, Analysen, Altersbestimmung. Berlin 1981.

19) Riederer, J.: Die Geschichte des Bronzegusses. In: Bronzen von der Antike bis zur Gegenwart. Ausstellungskatalog. Berlin 1983.

2o) Schwandner, E.L.; Zimmer, G.; Zwicker, U.: Zum Problem der Öfen griechischer Bronzegießer. Archäologischer Anzeiger (1983) Nr. 1, S. 57-8o.

21) Reinerth, H.: Pfahlbauten Unteruhldingen: Führer durch das Freilichtmuseum. Überlingen 198o.

22) Jeschar, R.: Beherrschung des Feuers als Schlüssel zum Fortschritt. Mitteilungsblatt TU Clausthal (1981) Nr. 5o, S. 9-15.

23) Goldmann, K.: Guß in verlorener Sandform - Das Hauptverfahren alteuropäischer Bronzegießer? Archäologisches Korrespondenzblatt (1981), S. 1o9-117.

24) Kunstschätze aus China. Zürich 198o. - Ausstellungskatalog.

25) Barnard, N.: Bronce casting and bronce alloys in ancient China. Canberra 1961.

26) Barnard, N.; Tamotsu, S.: Metallurgical remains of ancient China. Tokyo 1975

27) Deydier, C.: Chinesische Bronzen. München 1981.

28) Möller, G.: Die Metallkunst der alten Ägypter. Berlin 1925.

29) Kaysers, H.: Metalltechnik der alten Ägypter. Giesserei 45 (1958) Nr. 19, S. 582-587.

3o) Büll, R.: Bronze- und Feinguß nach dem Wachsausschmelzverfahren. Frankfurt am Main-Hoechst 1959.

31) Formigli, E.: Bemerkungen zur technischen Entwicklung des Gußverfahrens griechischer Bronzestatuen. In: Boreas. Münstersche Beiträge zur Archäologie 1981, Nr. 4. S. 15/24.

32) Roesch, K.; Lindemann, E.: Geschichtliche Darstellung der Schmelz- und Formtechnik im Deutschen Werkzeugmuseum Remscheid-Hasten. Giesserei 57 (197o), Nr. 26, S. 826-828.

33) Wyss, R.: Bronzezeitliche Gußtechnik. Bern 1967.

34) Drescher, H.: Der Bronzeguß in Formen aus Bronze. Sonderdruck Die Kunde 8 (1957) Nr. 1/2.

35) Drescher, H.: Der Überfangguß: Ein Beitrag zur vorgeschichtlichen Metalltechnik. Main 1958. Vgl. Giesserei 47 (196o), S. 4o1/o8.

36) Joshi, S.A.; Khana, S.S.; Ranganathan, K.: Revivel of ancient Indian skill in the casting of bronze idols (Lord Hanuman). In: 38. Internationaler Gießereikongreß. Düsseldorf 1971. Vortr. Nr. 2.

37) Sumer Assur Babylon: Sieben Jahrtausende Kunst und Kultur an Euphrat und Tigris. Frankfurt 1978. - Ausstellungskatalog

38) Busignani, A.: Die Heroen von Riace: Statuen aus dem Meer. Frankfurt am Main 1982.

39) Zimmer, G.: Antike Werkstattbilder. Berlin 1982.

4o) Zimmer, G.: Antike Bronzegießereien. In: Die Pferde von San Marco. Kunstkatalog Berlin 1982. S. 1o3-1o6. Vgl. Bronzen der Antike bis zur Gegenwart. Ausstellungskatalog Berlin 1983. - S. 273-276.

41) Man and Casting. Past Exhibition Department. Japan internat. Foundry Show. Kyoto 1968.

42) Katori, T.; Kozumu, K.: Giant Buddha of Nara: The largest bronze casting in the world. Tokyo 1981.

43) Ishino, T.: How the Great Image of Buddha at Nara was Constructed. Tokyo 1983. In japanischer Sprache mit englischem Kurztext. Vgl. Giesserei 7o (1983) Nr. 25, S. 685.

44) Engels, G.; Schneider, Ph.; Standke, W.: 35. Internationaler Gießereikongreß in Kyoto. Giesserei 55 (1968) Nr. 26, S. 8o2.

45) McCombe, C.: Great Bell of Peking. Foundry Trade J. 4 (1981) Nr. 1o, S. 18-19.

46) Sung's des Verehrten Schrift: Kunstvoller Arbeiten erklärte Behandlung. China um 163o. Vgl. Ledebur, A.: Ein altchinesisches Handbuch der Gewerbekunde. Glasers's Annalen für Gewerbe und Bauwesen, Nr. 19o (1885), S. 191-193 (mit 4 Bildern) sowie Vogel, O.: Eisenkunstguß im fernen Osten. Giesserei 17 (193o) Nr. 23, S. 553-558.

47) Theobald, W.: Technik des Kunsthandwerks im zehnten Jahrhundert: Des Theophilus Presbyter Diversarum artium Schedula. Berlin 1933.

48) Biringuccios Pirotechnia. Ein Lehrbuch der chemisch-metallurgischen Technologie und des Artilleriewesens aus dem 16. Jh. Übers. u. bearbeitet von O. Johannsen. Braunschweig 1925.

49) Kaspar Brunners Bericht vom Büchsenschützen (1547). Erläutert von O. Johannsen.

5o) Walter, K.: Glockenkunde. Regensburg 1913.

51) Hübner, K.: Geschichte des Glockengusses. Metallverarb. 34 (198o) Nr. 3, S. 89-9o; Nr. 5, S. 146-147.

52) Drescher, H.: Die Glocke aus dem Hafen von Haithabu bei Schleswig. Giesserei 68 (1981) Nr. 26, S. 774-779 (dort auch weiterer Schrifttum)

53) Diderot, D.; d'Alembert, J.: Encyclopēdie Methodique 1766.

54) Eigentliche Beschreibung aller Stände auf Erden. (Ständebuch). Frankfurt am Main. Holzschnitte von Jost Amman 1568, Faksimile-Wiedergabe Nürnberg 1962.

55) Beelte, H.: Die Form- und Gießtechnik der Bronzewerke in Schleswig-Holstein. Nordelbingen, Beitrag zur Kulturgeschichte und Heimatforschung 31 (1962), S. 1o5-125.

56) Drescher, H.: Die Bestandsaufnahme der bronzenen Grapen des 13. bis 18. Jh. und die ältesten mittelalterlichen Gießermarken aus Norddeutschland. Giesserei 52 (1965) Nr. 21, S. 691-697. Vgl. Aus dem Alltag der mittelalterlichen Stadt. Bremen 1982. S. 157-174.

57) Hömberg, W.: Der norddeutsche Bronzemörser im Zeitalter von Gotik und Renaissance. Marburg, Universität, Diss. 1982. Vgl. Hömberg, W.: Spätmittelalterliche Bronzemörser aus Norddeutschland. In: Aus dem Alltag der mittelalterlichen Stadt. Bremen 1982. S. 147-155.

58) Buchkremer, J.: Die Wolfstür der Aachener Münsterkirche. Aachen 1924.

59) Mende, U.: Die Türzieher des Mittelalters (Denkmäler Deutscher Kunst): Bronzegeräte des Mittelalters. Berlin 1981.

6o) Algermissen, K.: Der künstlerische und religiöse Gehalt der Erztüren St. Bernwards. Z. Vereins Heimatkunde im Bistum Hildesheim 27 (1958) Nr. 1, S. 2o-55.

61) Drescher, H.: Untersuchungen am Löwen in Braunschweig. In Vorbereitung.

62) Der Guß des Perseus. Giesserei 41 (1954) Nr. 19 S. 485-487. Vgl. Brinckmann, J.: Übersetzung der Abhandlungen von B. Cellini über die Goldschmiedekunst und Metalltechnik. Leipzig 1867. Darauf hinzuweisen ist, daß J. von Goethe die Lebensbeschreibung von B. Cellini übersetzt hat, vgl. Ausgabe München 1946, 4. Buch, 6. Kapitel, S. 368 ff.

63) Höfler, B.: Herstellungsverfahren für monumentale Gußstandbilder bis zum 18. Jh. München, Technische Universität, Diss. 1977.

64) Lüer, H.: Technik der Bronzeplastik. Leipzig 19o2. In: Monographien des Kunstgewerbes, Bd. 4.

65) Pilz, K.: Die St. Sebaldus-Kirche in Nürnberg. 3. Aufl. Nürnberg 1977.

66) Riederer, J.: Die Gefährdung des Reiterstandbildes des Jan Wellem in Düsseldorf durch Umwelteinflüsse. Berliner Beiträge zur Archäometrie 2 (1977), S. 1o5-11o.

67) Text zum Gußstückpräsent "Der Düsseldorfer Gießerjunge" bei der GIFA 79.

68) Eyo, E.; Willet, F.: Kunstschätze aus Alt-Nigeria. Ausstellungskatalog Main 1983.

69) Drescher, H.: Untersuchungen und Versuche zum Blei- und Zinnguß in Formen aus Stein, Lehm, Holz, Geweih und Metall. Ein Beitrag zur mittelalterlichen Gießtechnik von Kleingerät. Sonderdruck aus Jb. Inst. Frühmittelalterforschung Univ. Münster 12 (1976) S. 84-115.

7o) Deutsches Zinnfiguren Museum Kulmbach - Plassenburg. Braunschweig 198o.

71) Wübbenhorst, H.: Stahl u. Eisen 1o2 (1982) Nr. 5, S. 88.

72) Needham, J.: The development of the iron and steel technology in China. London 1958.

73) Henger, G.W.: The metallography and chemical analysis of iron-base samples dating from antiquity to modern times. Bulletin of the Historical Metallurgical Group 4 (197o) Nr. 2, S. 45-52.

74) Hongye, G.; Jue-ming, H.: Research on Han Wei Spherical graphite Cast Iron. In: Sixteenth World Conference on the History of Science and Technology. August 1981. Vgl. Foundry Trade J. Internat. 6 (1983) Nr. 17, S. 89-94.

75) Jue-ming, H.: Der Stapelguß von Eisenwaren im Alten China. Spektrum Wissenschaft 1983, Nr. 3, S. 8o-87. Vgl. Foundry Trade J. Internat. 6 (1983) Nr. 2o, S. 242-246.

76) Bing-Gao, H.: Casting in ancient China. Foundry Trade J. 152 (1982) Nr. 3231, S. 172, 175-177.

77) Steinert, H.: Chinas gußeisernes Fundament - Gräber im alten China durch massive Eisenmauern geschützt. Neue Zürcher Zeitung Nr. 129 (1978-o6-o7), S. 65-66.

78) Knoll, H.; Locher, A.; Mauterer, R.; u.a.: Plinius der Ältere über das Eisen. Arch. Eisenhüttenwes. 51 (198o) Nr. 12, S. 487-492.

79) Agricola, G.: Zwölf Bücher vom Berg- und Hüttenwesen. Original: Basel 1556, 5. Aufl. Düsseldorf 1978.

8o) Pfannenschmidt, C.W.: Die Anwendung des Holzkohlenofens seit Ende des 16. Jh. zur Erzeugung von Gußwaren erster Schmelzung und die spätere zweite Schmelzung in Flamm- und Kupolöfen bis Mitte des 19. Jh. Düsseldorf 1977.

81) Übertragen aus dem Lateinischen von O. Johannsen. Duisburg 196o.

82) Pusch, R.; Zirm, F.: Untersuchung einer gußeisernen Geschützkugel aus dem 17. Jh. Arch. Eisenhüttenwes. 36 (1965) Nr. 7, S. 469-471.

83) Wittmoser, A.: Einige Untersuchungen an historischen gußeisernen Rohren. Giesserei 44 (1957) Nr. 2o, S. 557-563.

84) Fachgemeinschaft Gußeiserne Rohre (Hrsg.): Gußeiserne Druckrohre. Entwicklung, Herstellung, Verwendung. Köln 1954.

85) Stücheli, O.: Die eiserne Glocke von Zimmerwald. In. Beiträge zur Geschichte der schweizerischen Eisengießereien Schaffhausen 196o. S. 23-44.

86) Kippenberger, A.: Die Kunst der Ofenplatten: Dargestellt an der Sammlung des Vereins Deutscher Eisenhüttenleute Düsseldorf. 2. Aufl. Düsseldorf 1973.

87) Schmitt, E.: Kamin-, Ofen- und Takenplatten aus Saarländischen Eisenwerken. Düsseldorf 1968.

88) Kruse, H.: Gußeiserne Grabmale aus dem Siegerland. Stahl u. Eisen 36 (1916) Nr. 48, S. 1152-56.

89) Schmitt, E.: Pfälzische Ofenplatten. München 1965.

9o) Theisen, S.: Herdplatten im Gebiet von Eifel und Saar. Giesserei 53 (1965) Nr. 23, S. 753-758.

91) Brachert, T.: Der schwäbische Eisenkunstguß - Öfen und Ofenplatten. Wasseralfingen 1958.

92) Pesch, D. (Hrsg.): Herdgußplatten. Bestandskatalog des Rheinischen Freilichtmuseums und Landesmuseums für Volkskunde in Kommern. Köln 1982.

93) Smiles, S.: Industrial biography Iron-Workers and tool-Makers. Boston 1876. S. 11o.

94) Gloag, J.; Bridgwater, H.: History of cast iron in architecture. London 1948.

95) Hartung, G.: Eisenkonstruktionen des 19. Jh. München 1983.

96) Werner, E.: Die eisernen Brücken. Einige Aspekte ihrer Entwicklung. In: Eisen Architektur (1). Icomos-Colloquium Bad Ems 1978. Hannover 1979.

97) Dickinson, H.W.: John Wilkinson, Ironmaster. Ulverston 1914.

98) Paulinyi, A.: Die ersten "feuerfesten" Fabrikbauten in England: Ein Beitrag zur Frühgeschichte des Gußeisens im Hochbau. In: Eisen Architektur (1). Icomos-Colloquium Bad Ems 1978. Hannover 1979.

99) Custodis, P.G.; Die Sayner Hütte in Bendorf. In: Rheinische Kunststätten Nr. 241. Neuß 198o.

1oo) Lipps-Kant, B.: Eisen als Bauelement in der Hausarchitektur in der zweiten Hälfte des 19. Jahrhunderts: Untersuchungen zur Entwicklung in den USA. In: Eisen Architektur (2). Icomos-Colloquium Bad Ems 1981. Hannover 1982.

1o1) Feldhaus, F.M.: Zur Geschichte der Gußträger. Giesserei 39 (1952) Nr. 2o, S. 539/54o.

1o2) Robertsson, E.-G.; Robertsson I.: Verzierungen in Gußeisen: Die vergessene Kunst. Bern 1977.

1o3) Haarmann, A.: Das Eisenbahngeleise. Berlin 19o2. Kritischer Teil, S. 9.

1o4) Theisen, S.: Der Eisenkunstguß um 18oo. Stahl u. Eisen 77 (1957) Nr. 21, S. 1499-15o5.

1o5) Eggers, G.O.: Hirzenhain - eine Pflegestätte künstlerischen Eisengusses. In: Kippenberger Festschrift. Marburg 197o.

1o6) Schmitz, H.: Berliner Eisenkunstguß. München 1917.

1o7) Schmidt, E.: Der preußische Eisenkunstguß. Technik - Geschichte - Werke - Künstler. Berlin 1981.

1o8) Spiegel, H.: Eisenkunstguß: Plastik, Schmuck und Gerät. In: Trier, E. (Hrsg.); Weyres, W. (Hrsg.): Kunst des 19. Jh. im Rheinland. Bd. 5, S. 117-154. Düsseldorf 1981.

1o9) Arenhövel, W.: Eisen statt Gold: Preußischer Eisenkunstguß aus dem Schloß Charlottenburg, dem Berlin Museum und anderen Sammlungen. Ausstellungskatalog. Berlin 1982.

11o) Himmelheber, G.: Möbel aus Eisen. In: Eisen Architektur (2). Icomos-Colloquium Bad Ems 1981. Hannover 1982.

111) Rasl, Z.: Decorative Cast Ironwork: Cataloque of artistic and decorative iron castings from the 16th to 2oth centuries preserved at the national technical museum of Prague. Prag 198o.

112) Lipp, P.: Der Kunstguß. In: Roll, F. (Hrsg.): Handbuch der Gießereitechnik. Bd. 1, Tl. 1. Berlin 1959. S. 197-215.

113) Stamm, B.: Blicke auf Berliner Eisen. Berlin 1979.

114) Maurmann, W.: Aus der Wirtschaftsgeschichte der Gießerei-Industrie in Deutschland. Düsseldorf 1969.

115) Vogel, O.: Zur Geschichte der Tempergießerei. In: Lose Blätter aus der Geschichte des Eisens. Stahl und Eisen 38 (1918) Nr. 48, S. 11o1-11o5, Nr. 52, S. 121o-1215.

116) Schütz, E.; Stotz, R.: Der Temperguß. Berlin 193o. S. 1-48.

117) Geschichte des Tempergusses. In: Temperguß. Düsseldorf 1966, S. 1-24.

118) Rēaumur, R.A.F. de: L'art de convertir le fer forgē acier et l'art d'adoucir le fer fondu. Paris 1722.

119) Ledebur, A.: Handbuch der Eisen- und Stahlgießerei. Leipzig 19o1.

12o) Goebel, H.: Entwicklung von Hartguß. Giesserei 46 (1959) Nr. 22, S. 665/76.

121) Schütz, E.: Aus der frühen Geschichte des Hartgusses. Giesserei 22 (1935) Nr. 2, S. 22-26.

122) Roesch, K.; Zimmermann, K.: Stahlguß. Düsseldorf 1966. S. 3-7.

123) Roes, H.: Entwicklung von Stahlguß. Giesserei 46 (1959) Nr. 22, S. 646/5o.

124) Wittmoser, A.: Entwicklung von Gußeisen. In: Ein halbes Jahrhundert Gießereitechnik in Deutschland. Giesserei 46 (1959) Nr. 22, S. 63o-639.

125) Büchen, W.: Leichtmetallguß. In: Ein halbes Jahrhundert Gießereitechnik in Deutschland. Giesserei 46 (1959) Nr. 22, S. 654-664.

126) Uhlmann, A.: Der Spritzguß. Berlin 1918.

127) Müller, H.J.; Rodehüser, H.; Honsel, H.F.: Die Herstellung von Gußstücken aus Titan und Titanlegierungen. Giesserei 6o (1973) Nr. 4, S. 83-88.

128) Brunhuber, E.: Schwermetallguß. In: Ein halbes Jahrhundert Gießereitechnik in Deutschland. Giesserei 46 (1959) Nr. 22, S. 651-654.

129) Grothe, H.: Zur Geschichte des Zinks. Erzmetall 24 (1971) S. 324-329.

13o) Sperlich, M.: Frühe industrielle Bauformen in Berlin - Eisenguß, Zinkguß, Terrakotta. In: Eisen Architektur (1). Icomos-Colloquium Bad Ems 1978. Hannover 1979.

131) Johnen, H.J.: Zink-Taschenbuch. Düsseldorf 1981.

132) Dickmann, H.: Der Name Kupolofen. Giesserei 5o (1963) Nr. 17, S. 494-498.

133) Internationales Komitee Giessereitechnischer Vereinigungen (Hrsg): Geschichtliche Zeittafel Kupolöfen 5oo v. Chr. - 1968. Düsseldorf 1968.

134) Osann, B.: Lehrbuch der Eisen- und Stahlgießerei. Leipzig 192o.

135) Engels: Über den Betrieb der Kupolöfen mit erhitzter Luft. Arch. Mineral. Geogn. Bergb. u. Hüttenkde. 9 (1836), S. 217-221.

136) Pacyna, H.: Kupolöfen. In: Ein halbes Jahrhundert Gießereitechnik in Deutschland. Giesserei 46 (1959) Nr. 22, S. 77o-779.

137) Höhle, L.: Wärmerückgewinnung an Heißwind-Kupolöfen durch eigengasbeheizte Rekuperatoren und Heißwasserbereitung. Giesserei 66 (1979) Nr. 1, S. 7-11.

138) Plöckinger, E.; Etterich, O.: Elektrostahlerzeugung. 3. Aufl. Düsseldorf 1979.

139) Brokmeier, K.-H.: Elektrische Schmelzöfen. In: Ein halbes Jahrhundert Gießereitechnik in Deutschland. Giesserei 46 (1959) Nr. 22, S. 789-796.

14o) Bertram, E.: Tiegel-, Trommel- und Warmhalteöfen. Giesserei 46 (1959) Nr. 22, S. 786-789.

141) Lohse, U.: Geschichtliche Entwicklung der Eisengießerei seit Beginn des 19. Jh. In: Matschoss, (Hrsg.): Beiträge zur Geschichte der Technik und Industrie. Jahrbuch des Vereins Deutscher Ingenieure. Bd. 2. Berlin 191o.

142) Gesell, W.: Beitrag zur Geschichte der Formmaschinen. Giesserei 49 (1962) Nr. 17, S. 514-526.

143) Internationales Komitee Giessereitechnischer Vereinigungen (Hrsg.): Geschichtliche Zeittafel Formmaschinen: 1495-1968. Düsseldorf 197o.
Geschichtliche Zeittafel Sandaufbereitungsmaschinen: 177o-197o. Düsseldorf 1972.
Geschichtliche Zeittafel Putzereimaschinen: 1827-1968. Düsseldorf 197o.

144) Gesell, W.: Formmaschinen. In: Ein halbes Jahrhundert Gießereitechnik in Deutschland. Giesserei 46 (1959) Nr. 22, S. 8o4-82o.

145) Gesell, W.; Riege, W.: Sandaufbereitungsanlagen. In: Ein halbes Jahrhundert Gießereitechnik in Deutschland. Giesserei 46 (1959) Nr. 22, S. 82o, 831.

146) Rexroth, A.; Büchen, W.; Brunhuber, E.: Kokillenguß. In: Ein halbes Jahrhundert Gießereitechnik in Deutschland. Giesserei 46 (1959) Nr. 22, S. 684-696.

147) Lieby, G.: Druckguß. In: Ein halbes Jahrhundert Gießereitechnik in Deutschland. Giesserei 46 (1959) Nr. 22, S. 697-71o.

148) Faber, F.; Stich, H.; Schwietzke, G.: Schleuderguß. In: Ein halbes Jahrhundert Gießereitechnik in Deutschland. Giesserei 46 (1959) Nr. 22, S. 711-718.

149) Wittmoser, A.; Voßkühler, H.; Roth, W.: Strangguß. In: Ein halbes Jahrhundert Gießereitechnik in Deutschland. Giesserei 46 (1959) Nr. 22, S. 718-728.

15o) Gesell, W.: Putzereieinrichtungen. In: Ein halbes Jahrhundert Gießereitechnik in Deutschland. Giesserei 46 (1959) Nr. 22, S. 831-836.

151) Karsten, C.J.B.: Eisenhüttenkunde. 2. Aufl. 3. Tl. Berlin 1827. S. 476, § 1o75.

152) Mc Combe, C.: Geared crane ladles - an historical note. Foundry Trade J. 15o (1981) Nr. 3212, S. 825, 827, 828.

153) Stahl u. Eisen 189o, S. 6o5; siehe auch Beck, L.: Die Geschichte des Eisens. Braunschweig 19o3, S. 548.

154) Standke, W.: Die Gießereiabteilung des Deutschen Museums, München, wurde erweitert und neu gestaltet. Giesserei 64 (1977) Nr. 26, S. 684-688.

155) Hinz, F.-L.: Die Luisenhütte in Wocklum. Technische Kulturdenkmale in Westfalen. Nr. 1/1978.

156) Antikenmuseum Berlin. Staatliche Museen Preußischer Kulturbesitz. Braunschweig 1978.

157) Stamm, B.: Blicke auf Berliner Eisen aus Berliner Schlössern. Verwaltung der Staatlichen Schlösser und Gärten (Hrsg.). Kleine Schriften VI. Berlin 1979.

158) Aengeneyndt, J.D.: Gaslaternen-Freilichtmuseum in Berlin. Gas (1978) Nr. 6, S. 275-278. Vgl. Lichttechnik (1978) Nr. 3.

159) Dehnke, E. (Hrsg.): Gegossene Kunst; Kaminplatten der Halbergerhütte. Saarbrücken-Brebach 198o.

16o) Laub, G.: Das Eisenkunstguß-Museum der Ahlmann-Carlshütte KG in Rendsburg. Anschnitt 24 (1972) Nr. 6, S. 18-22.

Historische Bücher über die Gießereitechnik - Schrifttum zur Gießereigeschichte

Vannoccio Biringuccio: Biringuccio's Pirotechnia. Venedig 154o.

Gregorius Agricola: De re metallica. Libri XII. Basilea 1556.

Gregorius Agricola: Zwölf Bücher vom Berg- und Hüttenwesen. Basel 1557.

René-Antoine de Réaumur: L'art de convertir le fer forgé en acier et l'art d'adoucir le fer fondu. Paris 1722.

Denis Diderot und Jean le Rond d'Alembert: Encyclopédie Méthodique. Paris 1751-1772.

Ernst Friedrich Dürre: Aphorismen über Gießereibetrieb. Tafelband. Leipzig 1865-68.

Adolf Ledebur: Vollständiges Handbuch der Eisengießerei. Weimar 1883. (3. Aufl.: Handbuch der Eisen- und Stahlgießerei. Leipzig 19o1).

Ernst Friedrich Dürre: Handbuch des Eisengießereibetriebes. 3. Aufl. Leipzig. 1. Bd. 1892. 2. Bd. 1896.

Ludwig Beck: Die Geschichte des Eisens in technischer und kulturgeschichtlicher Beziehung. 5 Bände. Braunschweig 1892-19o3.

Bernhard Osann: Lehrbuch der Eisen- und Stahlgießerei. Leipzig 1912. (5. Aufl.: Leipzig 1922).

Handbuch der Eisen- und Stahlgießerei. Hrsg.: Carl Geiger. 2 Bände. Berlin 1911 und 1916. (2. Aufl.: 4 Bände. Berlin 1925-1931.

Otto Johannsen: Geschichte des Eisens. Hrsg.: Verein Deutscher Eisenhüttenleute. Düsseldorf 1924. (3. Aufl.: Düsseldorf 1953).

Das Gießereiwesen in gemeinfaßlicher Darstellung. Hrsg.: Wirtschaftsgruppe Gießerei-Industrie. Düsseldorf 1941. (3. Aufl.: Hrsg.: Verein Deutscher Giessereifachleute; Wirtschaftsverband Giesserei-Industrie; Gesamtverband Deutscher Metallgiessereien. Düsseldorf 1953).

Albrecht Kippenberger: Der künstlerische Eisenguß. Marburg 1952.

Aus Wissenschaft und Praxis des Gießereiwesens. Hrsg.: Bergische Stahl-Industrie. Düsseldorf 1955.

Hans Schmidt und Herbert Dickmann: Bronze- und Eisenguß. Hrsg.: Verein Deutscher Giessereifachleute. Düsseldorf 1958.

Georg Fabricius: Zu den Büchern des hochberühmten Philosophen Georg Agricola über das Bergwerkswesen. Hrsg.: Agricola-Gesellschaft. Düsseldorf 1963.

Bruce Simpson: History of the metalcasting industry. Hrsg.: American Foundrymen's Society. Des Plaines/ Ill. 1969.

Geschichtliche Zeittafel Formmaschinen 1495-1968. Hrsg.: Internationales Komitee Giessereitechnischer Vereinigungen. Düsseldorf 197o.

Geschichtliche Zeittafel Kupolofen 5oo v. Chr.-1968. Hrsg.: Internationales Komitee Giessereitechnischer Vereinigungen. Düsseldorf 197o.

Geschichtliche Zeittafel Putzereimaschinen 1827-1968. Hrsg.: Internationales Komitee Giessereitechnischer Vereinigungen. Düsseldorf 197o.

Geschichtliche Zeittafel Sandaufbereitungsmaschinen 177o-197o. Hrsg.: Internationales Komitee Giessereitechnischer Vereinigungen. Düsseldorf 1972.

Eva Schmidt: Kleine Geschichte des Eisenkunstgusses. Dresden 1976.

Guy Hadley: Citizens and founders. London 1976.

Ronald Frank Tylecote: A history of metallurgy. London 1976.

Peter Bloch und Waldemar Grzimek: Das klassische Berlin. Frankfurt/M. 1978.

Hanspeter Britt: 4ooo Jahre Gießen von Metallen in der Schweiz. Winterthur 1979.

Karl Stölzel: Gießerei über Jahrtausende. Leipzig 1979. (2. Aufl.: Leipzig 1982).

VDG-Fachbibliographie Nr. 98. Glockenguß. Hrsg.: Verein Deutscher Giessereifachleute, Dokumentationsstelle und Bibliothek -VDG-DOK-. Düsseldorf 1979.

VDG-Fachbibliographie Nr. 199. Gegossene Herdplatten. Hrsg.: Verein Deutscher Giessereifachleute, Dokumentation und Bibliothek -VDG-DOK-. Düsseldorf 198o.

Manfred Beckert: Eisen - Tatsachen und Legenden. Leipzig 198o.

Wladimir Krysko: Lead in history and art/Blei in Geschichte und Kunst. Stuttgart 198o.

Ursula Mende. Die Türzieher des Mittelalters. Berlin 1981.

Eva Schmidt: Der preußische Eisenkunstguß. Berlin 1981.

Margarete Schilling: Glocken und Glockenspiele. Gütersloh 1982.

Claudia List: Kleinbronzen Europas. München 1983.

Ursula Mende: Die Bronzetüren des Mittelalters 8oo-12oo. München 1983.

Bronzen von der Antike bis zur Gegenwart - ex aere solido. Hrsg.: Peter Bloch. Berlin 1983.

BILDNACHWEIS (soweit in den Bildunterschriften nicht angegeben):

A history of cast-iron in architecture (94): 72 a, 72 b, 1o9, 118 a, 118 b
Arenhövel, W. (1o9): 116
Beer, A., Velbert: 121 c
Bergische Stahl-Industrie, Remscheid: 187 f
Buderus AG, Wetzlar: 177, 178
Claas-Guss, Bielefeld: 188
Diderot/d'Alembert (53): 36, 38
Drescher, H., Hamburg: 41
Eisenwerk Brühl, Brühl: 121 d
Georg Fischer AG, Schaffhausen: 131, 187 e
Geschichte des Eisens (3): 157
Halberger Hütte, Saarbrücken: 137
Hottinger GmbH, Mannheim: 163 b
Hundhausen GmbH & Co. KG, Schwerte: hinteres Titelbild
Jeiter, M., Aachen: 39 a rechts, 39 b, 44, 45, 46, 47, 48 b, 48 c, 5o, 51, 52, 53, 54, 57 a - d, 58, 86, 118 c
Krysko, W.W. (7): 1
Kunstschätze aus Alt-Nigeria (68): 61, 62, 63
Landesbildstelle Düsseldorf: 59, 6o
Lehrbuch der Eisen- und Stahlgießerei (134): 156, 16o, 161
Linde AG, Höllriegelskreuth: 179
Mahle GmbH, Fellbach: 141
Marburger Bildarchiv: 39 a links
Marburger Universitätsmuseum für Kunst und Kulturgeschichte: 88
Mende, U.: Die Bronzetüren des Mittelalters: 48 a, 49
National-Museum New Delhi: 12
Rautenbach, R., Solingen (125): 139
Sanders, C.A.; Gould, D.C.: History cast in metal: 163 a
Schubert & Salzer AG, Ingolstadt: Titelbild, 166
Thyssen Industrie AG, Bochum: 136
Verein Deutscher Giessereifachleute, Düsseldorf: 115, 119, 133, 15o, 151, 152, 153, 154, 155, 162, 164, 165, 167, 172, 173, 176, 18o, 181, 182, 183, 184, 185, 186, 187
Vollrath, W.: Jan Wellem und sein Denkmal: Frontispiz

11. NAMEN- UND SACHREGISTER

Dichte, Schmelz- und Siedepunkte von wichtigen Metallen

	Symbol	Dichte (2o°C) g/cm³	Schmelzpunkt °C	Siedepunkt °C	Bekannt seit
Aluminium	Al	2,7	66o	25oo	1825
Antimon	Sb	6,7	63o	1635	17o7
Arsen	As	5,7	817 (36 bar)	(61o)*	13. Jh.?
Blei	Pb	11,3	327	175o	Altertum
Eisen	Fe	7,9	1539	3o7o	Altertum
Gold	Au	19,3	1o63	295o	Altertum
Kupfer	Cu	8,9	1o83	2595	Altertum
Magnesium	Mg	1,7	65o	11o5	18o8
Platin	Pt	21,5	1769	38oo	1735
Quecksilber	Hg	13,6	- 39	357	Altertum
Silber	Ag	1o,5	961	2177	Altertum
Titan	Ti	4,5	1668	326o	1791
Wismut	Bi	9,8	271	147o	155o
Zink	Zn	7,1	419	9o9	15oo
Zinn	Sn	7,3	232	25o7	Altertum

* Sublimationspunkt